课书房 新/形/态/教/材 | 高等职业教育**智能建造专业**系列教材

智能机械与建筑机器人

ZHINENG JIXIE YU JIANZHU JIQIREN

主　编◎边凌涛　秦文涛
副主编◎彭　瑜　祝骎钦
主　审◎邓　林

U0240462

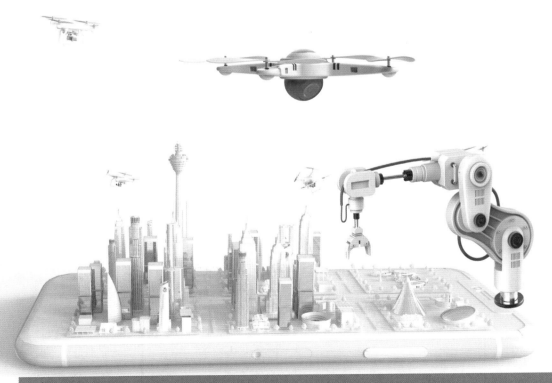

重庆大学出版社

内容提要

智能机械与建筑机器人是物联网、虚拟现实等先进技术与建筑产业的融合，是多学科的"跨界"融合。本书通过校企合作开发，根据智能建造技术、装配式建筑工程技术等专业数字化转型的基本要求，结合高等职业教育教学改革实践经验并融入土木建筑类职业技能标准编写而成。本书共4个模块19个任务，介绍了智能机械与建筑机器人的基础知识、工程建设行业应用较广泛的智能施工机械和建筑机器人的建造工艺。

本书适合作为智能建造技术、装配式建筑工程技术等高职土建施工类专业及智能建造工程等职业本科专业教材使用，也可以作为建筑行业从业人员培训或自学用书。

图书在版编目（CIP）数据

智能机械与建筑机器人／边凌涛，秦文涛主编. --
重庆：重庆大学出版社，2024.8
高等职业教育智能建造专业系列教材
ISBN 978-7-5689-4469-4

Ⅰ. ①智… Ⅱ. ①边…②秦… Ⅲ. ①建筑机器人—
高等职业教育—教材 Ⅳ. ①TP242.3

中国国家版本馆 CIP 数据核字（2024）第 102371 号

智能机械与建筑机器人

主　编　边凌涛　秦文涛
副主编　彭　瑜　祝骎钦
主　审　邓　林
策划编辑：林青山
责任编辑：肖乾泉　　版式设计：肖乾泉
责任校对：邹　忌　　责任印制：赵　晟
*
重庆大学出版社出版发行
出版人：陈晓阳
社址：重庆市沙坪坝区大学城西路 21 号
邮编：401331
电话：（023）88617190　88617185（中小学）
传真：（023）88617186　88617166
网址：http://www.cqup.com.cn
邮箱：fxk@cqup.com.cn（营销中心）
全国新华书店经销
重庆正光印务股份有限公司印刷
*
开本：787mm×1092mm　1/16　印张：8　字数：191千
2024 年 8 月第 1 版　　2024 年 8 月第 1 次印刷
印数：1—2 000
ISBN 978-7-5689-4469-4　定价：39.00 元

前言
FOREWORD

党的二十大报告指出："当前,世界百年未有之大变局加速演进,新一轮科技革命和产业变革深入发展,国际力量对比深刻调整,我国发展面临新的战略机遇。"在这个机遇中,数字化成为各个行业转型发展的强大引擎,而随之产生的数字经济也日益成为国民经济的重要增长极。聚焦建筑业,众多的建筑从业者对数字化带来的巨变深有体会。建筑业的数字化转型归根到底是通过数字化赋能,推动新一代信息技术与建筑业深度融合,加速培育新产品、新业态、新模式,推动行业绿色低碳发展,提高发展质量和效益。在这个过程中,推动智能建造与新型工业化协同发展成为核心动力。

2020年7月,住房和城乡建设部等十三部门联合印发的《关于推动智能建造与建筑工业化协同发展的指导意见》明确提出,要围绕建筑业高质量发展总体目标,以大力发展建筑工业化为载体,以数字化、智能化升级为动力,形成涵盖科研、设计、生产加工、施工装配、运营等全产业链融为一体的智能建造产业体系。目前,我国在通用施工机械和造楼机等智能化施工装备研发应用方面取得了显著进展,但建筑机器人应用尚处于起步阶段。加大建筑机器人研发应用,有效替代人工,进行安全、高效、精确的建筑部品部件生产和施工作业,已经成为全球建筑业的关注热点。

《"十四五"建筑业发展规划》明确目标:到2035年,建筑业发展质量和效益大幅提升,建筑工业化全面实现,建筑品质显著提升,企业创新能力大幅提高,高素质人才队伍全面建立,产业整体优势明显增强,"中国建造"核心竞争力世界领先,迈入智能建造世界强国行列,全面服务社会主义现代化强国建设。

本书根据编者多年对智能建造、建筑机器人等的关注和思考,参考了国内外学者的观点,经多次编撰修改而成。本书注重实践能力、动手能力的培养,既保证了全书的系统性和完整性,又体现了内容的实用性和可操作性,同时也尽最大可能反映建筑机器人与智能施工机械在我国建筑业应用的现状,不仅具有原理性、基础性,还具有先进性与时代性。此外,本书配套了相应的教学课件、实际工程案例、虚拟仿真等资源,供学习使用。

本书由重庆电子科技职业大学边凌涛、秦文涛担任主编,重庆电子科技职业大学彭瑜、祝骏钦担任副主编,四川建筑职业技术学院邓林担任主审。边凌涛、秦文涛与彭瑜、廖小烽(重庆市筑云科技有限责任公司)合编了模块 1;与罗小锁(重庆电子科技职业大学)、李倩(重庆电子科技职业大学)合编了模块 2;与祝骏钦、张树坤[展视网(北京)科技有限公司]合编了模块 3、模块 4,并提供虚拟仿真视频。

由于编者水平有限,书中难免有不妥及错漏,恳请广大读者批评指正。

编　者

2024 年 2 月

目录
CONTENTS

模块 1 信息技术在智能建造中的融合应用

育人主题	建议学时	素质目标	知识目标	能力目标
智能建造是促进建筑业转型升级的现实需要,也是建筑业与数字技术深度融合的关键路径	6	智能建造的发展需加强人工智能、物联网等技术的应用研发,建立多系统、多设备协同,培养学生融会贯通的能力	了解现代信息技术手段在建筑业转型改造中的应用	能够准确理解国家打造"中国建造"的决心和意义

任务 1.1 概　述

如今,欧美等发达国家积极推进信息化与工业化的融合创新,并制定各项战略规划。我国也陆续发布"互联网+"行动计划、人工智能发展规划、"中国制造 2025"等。通过持续推进各项政策,智能化技术、信息化技术持续发展创新,并开始推广应用于工业生产,对工程建造行业的影响越来越深远。在我国建筑行业管理转型方面,也可以充分发挥智能建造技术的重要作用,促进建筑工程规划、建设、管理等创新发展。

【任务信息】

2017 年 2 月,国务院办公厅发布《国务院办公厅关于促进建筑业持续健康发展的意见》,鼓励大力研发、制造和推广智能建造设备,同时全面推广 BIM 技术集成应用并完成项目全生命周期的数据共享和信息化管理。2019 年 8 月,国家发展和改革委员会审议通过《产业结构调整指导目录(2019 年本)》,鼓励智能建筑产品和设备的生产制造与集成技术研究。2019 年 9 月,住房和城乡建设部发布《关于完善质量保障体系提升建筑工程品质的指导意见》,指出加大智能设备研发力度,推动 BIM 等信息技术在设计、施工全过程的集成应用。2021 年 2 月,住房和城乡建设部办公厅发布《关于同意开展智能建造试点的函》,在全国设置 7 个项目开展住房和城乡建设部智能建造试点工作。2021 年 10 月,中共中央、国务院印发《国家标准化发展纲要》,明确指出推动了解智能建造相关概念及其发展历程,阐述建设项目的智能施工关键技术应用建造标准化,推动城市可持续发展。2022 年 1 月,住房和城乡建设部印发《"十四五"建筑业发展规划》,提出主要任务是加快智能建造与新型建筑工业化协同发展,特别强调加快建筑机器人的研发与应用。2022 年 4 月,工业和信息化部等十五部门联合印发《"十四五"机器人产业发展规划》,指出面向建筑业需求,集聚优势资源,重点推进建筑机器人的研制及应用。

通过相关政策梳理可以看出,智能建造是我国传统建筑业转型发展的必然选择,而建筑设备、建筑机器人是其中的重点研究内容,是实现建造信息化、数字化、智能化的关键要素。

本模块将建筑机器人中应用较多的 BIM 技术、三维激光扫描技术等分别从技术定义、工作原理、应用场景等方面展开,阐述其在智能建造过程中的关键应用。

【任务分析】

智能建造面向工程规划设计、施工与运营等,将 BIM 技术与 GIS 技术相结合,同时联合应用移动网络、云计算、人工智能、物联网等,与工程建设技术进行有效结合,为实现项目建设信息化而创建开放式生态圈,并由此建立面向工程建设全过程的管理平台与应用体系。通过采用自动化感知、协同互动、智能化诊断、智能化决策等,进行工程设计、工厂化加工、动态检测、信息化管理等。智能建造技术内容见表 1.1。

表 1.1　智能建造技术内容

技术类型	技术应用
信息技术	建筑物数据采集、建模分析、GIS 技术
传感技术	建筑物环境检测与控制,主要涉及空气质量、环境温度、噪声
控制技术	建筑设施、机电设备监控与自动化调控管理
机器人技术	机器人施工、装配、维修等自动化
材料技术	推广应用绿色节能材料、可持续发展材料
结构技术	采用智能化规划设计方式,将传感技术推广应用于建筑结构设计施工

【任务实施】

随着信息技术的不断发展,建筑行业在数字化设计、智能化施工管理、供应链管理和政府监管等多个方面采用现代信息技术。信息技术的应用改善了建筑行业的工作方式,提高了工作效率和建筑质量,降低了成本,保障了施工安全。目前,信息技术的应用主要体现在以下 3 个方面。

1.集成化施工管理平台

项目施工整体管理需要在开工前较短时间内完成,是一项非常繁琐的工作,通常依赖于项目管理者的经验与个人水平。随着 BIM、大数据等数字技术的快速发展,管理者在数据整理、项目分析上能够快速做出判断,提升了项目施工管理的效率。项目施工现场涉及的参与方众多、管理要素复杂、各方交互的信息量巨大,传统的现场施工管理模式已无法满足现代施工企业管理的要求,采用信息化、数字化手段辅助现场管理成为必要。集成化施工管理平台是依托物联网、BIM、大数据、人工智能等多技术的集成,对施工现场"人、机、料、环、法"等因素进行智能化管理的支撑系统。它可以提供实时的数据采集,自动进行风险识别,促成信息共享和多方协同,帮助管理人员更好地监督和管控现场施工。目前,针对施工策划和管理的软件主要有 BIM5D(图 1.1)、PKPM、Fuzzor 等。各软件实现的施工管理内容不同,都能从不同角度为项目管理者提供很好的辅助,为工程项目实施提供有效的指导。

图 1.1　BIM5D 操作界面

2. 建筑机器人

近年来,随着人工智能、数据处理等相关技术的发展以及机器人软硬件的优化,建筑生产与施工开始有了一定程度的自动化发展。建筑机器人等正在成为建筑领域的新角色,大幅度降低了施工劳动强度,提高了建造效率和建筑产品质量。目前,在施工项目上建筑机器人并无大规模使用,只是在个别项目中有零星试点。代表产品有测量机器人、智能钢筋绑扎机器人、履带抹平机器人(图 1.2)、喷涂机器人等。

图 1.2　履带抹平机器人

传统的建筑机器人大多面向单一、重复性的任务开发,主要负责单点工作,存在人员操作依赖性强、效率提升度偏低、数据孤岛严重等诸多问题。为解决这些问题,一些厂商开始研发基于全局指挥的建筑机器人新系统,以智能化技术提升多个机器人之间的自主协同,降低对人员操作的依赖,促进降本增效。一般来说,建筑机器人新系统具备以下3个基本要素:

(1)数字化

数据驱动与贯通是建筑机器人新系统发挥作用的基本前提。例如,设计数字化采用BIM技术将建筑物空间数据、部品部件及构造材料信息等静态基础信息传递至建造全过程应用。再如,管理数字化通过智能建造项目数字管理平台,集成建造过程中的成本、采购、施工动态基础数据,为建筑机器人助力生产与施工提供全方位的数据驱动,如材料数据的数字化管理,实现材料供给、使用、损耗、需求的全方位管理数字化。

(2)网络化

通过网络化的手段,实现各类建筑机器人的互联、机器人之间的信息共享和协调,为实现生产与建造过程中的联动和协同作业提供基础。

(3)智能化

基于数字化和网络化,实现建筑设计、计划排程、材料管理、施工管理等上下游管理的互联互通。根据任务的需要智能化制定机器人集群(多机器人之间)的协同策略,包括任务分配、资源优化、路径规划等,保证机器人之间协同作业的高效、稳定。

3.建筑制造智能装备

智能装备新系统是智能建造的硬核和引擎,广泛应用于智能建造的各个方面,推进建筑工业化的转型升级和高质量发展。智能制造装备通过应用智能化系统,实现相关制造资源的合理统筹,并通过数据技术驱动智能设备,实现建筑部品的工业化制造。

目前,在政府与市场的支持下,我国出现了一大批优秀的智能建造装备企业,但仍处于发展初期阶段。部分核心技术依赖从国外引进,对先进智能建造装备依赖程度较高,50%以上的智能建造设备需要进口。对于智能建造的核心技术如人工智能,以美国、英国等为代表的发达国家走在世界前列。德国在2012年就推行工业4.0计划,以服务机器人为重点,加快智能机器人的开发和应用。

随着我国不断开展智能建造实践,智能装备新系统的发展也必将逐步提升到更高水平。目前,在建筑领域,智能制造装备主要应用于装配式建筑钢结构施工、装配式建筑混凝土结构施工、智能塔机等,如重型H型钢智能制造生产线、装配式混凝土建筑构件模块式生产线(图1.3)、高层建筑施工智能装备集成平台、施工环境检测系统等。

图1.3　叠合板模块式生产线

【任务总结】

建筑业是我国国民经济的重要支柱产业。近年来,我国建筑业持续快速发展,产业规模不断扩大,建造能力不断增强。2023 年,我国建筑业总产值达 31 591.85 亿元,同比增长5.77%。《"十四五"建筑业发展规划》明确指出:到 2035 年,建筑业发展质量和效益大幅提升,建筑工业化全面实现,建筑品质显著提升,企业创新能力大幅提高,高素质人才队伍全面建立,产业整体优势明显增强,"中国建造"核心竞争力世界领先,迈入智能建造世界强国行列,全面服务社会主义现代化强国建设。智能建造促进了建筑行业的发展,也为传统建筑理念带来了巨大的变革。深度赋能的建筑业应用已处于爆发前夕,将会带领建筑业走进更加精彩的新时代。

【任务习题】

1.目前,我国建筑业在哪些方面应用现代信息技术最为广泛?
2.试阐述智能建造相关关键技术。

任务 1.2　BIM 技术

BIM(Building Information Modeling)技术以其在数字化建模、数据管理和协同设计方面的优势,为建筑行业带来了革命性的改变。在数字化时代,越来越多的建筑项目采用 BIM 技术优化设计来提高效率和降低风险。BIM 技术通过实时协作和数据共享,为建筑项目的各个阶段提供一致且精确的信息,优化项目管理和决策过程。借助 BIM 技术,建筑专业人员可以在设计、施工和运维过程中,进行协同合作、资源优化和风险控制,以提高工程效率、降低成本并使项目质量得到提升。

【任务信息】

在现代建筑和工程项目中,协调性是非常重要的。因为一个项目通常涉及众多专业和领域的参与者,包括建筑师、结构工程师、机械电气工程师、供应商、施工队等。协调性在项目的各个阶段都至关重要。在设计阶段,各专业必须密切合作,确保设计方案的各个方面相互兼容,避免冲突和误差。在施工阶段,需要对施工进度、材料供应等进行协调,以保证工程按时顺利进行。在现代建筑中,BIM 技术在提高协调性方面发挥了重要作用。BIM 模型集成多个专业的信息,可以进行碰撞检测和冲突解决,帮助项目团队及早发现和解决问题,从而提高项目的执行效率和质量。通过有效的协调性,建筑项目能够更加高效地进行,减少成本和资源浪费,最终实现成功的交付。此外,BIM 技术还能将建筑信息进行集成和共享,让各个参建单位能够实时、直观地了解自己的项目任务。BIM 技术可以创建高度精确的三维模型,并在其中模拟项目的各个方面,如设计、施工、运营和维护。这种模拟性使得 BIM 成为一个强大的工具,可以在项目的不同阶段进行全面的预测和评估。建筑师可以优化设计概念,施工团队可以预测施工过程中的问题,并规划最优的流程,同时在运营阶段预测设施的运行和维护需求。

总体而言,BIM 技术的模拟性为建筑和工程项目提供了全方位的预测和分析能力,有助于提高项目的效率和质量。

【任务分析】

BIM 技术是一种以建筑信息为核心,采用三维数字化建模技术,集成建筑设计、施工、管理和维护等各个环节的一种现代化建筑技术。在应用过程中,通过信息化平台,以数据的方式呈现建筑设计方案,使得各项细节更加直观与全面地展现出来。BIM 技术将建筑各个环节的信息进行统一的建模和管理,实现信息互通和共享。BIM 技术的核心是建筑信息模型,其包括建筑物的几何形状、材料、施工工艺、构件参数、维修保养等方面的信息。建筑信息模型不仅是一个建筑物的三维模型,更是一个全方位的建筑物信息数据库。

目前,国内外 BIM 相关软件较多,各个软件在建模的过程中侧重点有所不同,适用的人群也有所差异。以下列举了 6 种应用较为广泛的软件。

1.DP(Digital Project)

DP 是一款针对建筑设计的 BIM 软件。目前,DP 已被世界上很多工程师采用,进行一些复杂、创造性的设计。其优点是精度高,功能强大,缺点是操作起来比较困难。它被认为是当前世界上最强大的建筑设计建模软件。

2.Revit

Revit 是一款 BIM 软件,针对特定专业的建筑设计和文档系统,支持所有阶段的设计和施工图,包括从概念性研究到最详细的施工图明细表。Revit 的核心是 Revit 参数化更改引擎。它可以自动协调在任何位置(如在模型视图或图样、明细表、剖面图、平面图中)所做的更改。实践证明,它能够明显提高设计效率。其优点是普及性强,操作相对简单。

3.BIM5D

BIM5D 以建筑 3D 信息模型为基础,把进度信息和造价信息纳入模型中,形成 5D 信息模型。该 5D 信息模型集成了进度、预算、资源、施工组织等关键信息,对施工过程进行模拟,及时为施工过程中的技术、生产、商务等环节提供准确的形象进度、物资消耗、过程计量、成本核算等核心数据,提升沟通和决策效率,帮助客户对施工过程进行数字化管理,从而达到节约时间和成本、提升项目管理效率的目的。

4.DeST

DeST 是一个建筑环境及 HVAC 系统模拟的软件平台,意为设计师的模拟工具箱,为建筑环境的相关研究和建筑环境的模拟预测、性能评估提供了方便、实用、可靠的软件工具。DeST 有 7 个版本,常用版本为住宅版本和商建版本。

5.Ecotect Analysis

Ecotect Analysis 可提供自己的建模工具,分析结果可以根据几何形体得到即时反馈。

这样,建筑师可以从非常简单的几何形体开始,进行迭代性分析。随着设计的深入,分析越来越精确。这款软件以其整体的易用性、适应不同设计深度的灵活性以及出色的可视化效果,已在我国建筑设计领域得到广泛应用。

6.Virtual Environment

建筑性能模拟分析软件 Virtual Environment(VE)为建筑师、工程师、咨询顾问等提供模型、能耗、空调系统、自然通风、日照、采光、CFD、造价、管道计算、逃生、LEED、BREEAM 认证等各个方面的建筑性能集成化分析解决方案。它可以与 Radiance 兼容,对室内照明效果进行可视化模拟。

为适应建筑业转型升级,以"信息化"和"智能化"为特色的智能建造技术应运而生,推动了我国工程项目建设发展。目前,常用的"BIM+"技术主要包括 5 个方面:BIM+3D 打印技术、BIM+无人机技术、BIM+智能监测技术、BIM+VR 技术、BIM+射频识别技术。BIM 为智能建造的实现提供了一个技术整合的平台。利用平台提高建造过程的智能化水平,减少对人的依赖,达到安全建造的目的,同时提高建筑的性价比和可靠性。

【任务实施】

不同软件建模的步骤大体上一致,本任务以 Revit 软件建筑建模为例,讲解 BIM 正向设计建模的基本步骤。

①创建项目。在开始使用 Revit 进行建模之前,需要先创建一个项目。在 Revit 中,项目是一个容纳所有建筑元素的容器,包括建筑模型、图纸和其他相关文档。通过创建项目,可以将所有相关内容组织起来,并确保建模工作的顺利进行。

②设置建筑参数。建模之前,需要设置建筑参数,包括单位制、坐标系统、视图设置等。通过正确设置这些参数,可以确保模型的一致性和准确性,并减少后期修改的工作量。

③创建构件。在 Revit 中,建模的基本单位是构件。构件可以是墙体、楼板、窗户、门等。通过选择合适的构件并进行创建,可以逐步构建整个建筑模型。

④编辑构件。通过编辑构件的参数和属性,可以实现对构件形状、尺寸、材质等方面的调整。同时,还可以添加构件之间的连接关系,以形成一个完整的建筑模型。

⑤创建视图。在建模过程中,需要创建多个视图来展示不同的信息,如平面图、立面图和剖面图等。通过创建视图,可以更好地理解建筑模型的结构和布局,并进行进一步的分析和设计。

⑥添加注释和标记。建模完成后,可以添加注释和标记,以提供更多的信息和说明,如可以添加尺寸标记、文字注释、图例等。这些注释和标记可以帮助他人更好地理解模型,并进行后续的施工和维护。

⑦分析和优化。通过 Revit 的分析功能,可以对建模进行性能和效果评估。例如,通过进行能量分析和照明分析,可以评估建筑的能源利用和照明效果,并进行优化。这些分析结果可以帮助设计师做出更好的决策,提高建筑的质量和效益。

⑧生成图纸和报告。可以通过 Revit 生成各种图纸和报告,如平面图、立面图、剖面图、设备布置图等。这些图纸和报告可以作为设计成果的输出,供他人参考和使用。

⑨更新和维护。建模工作并不是一次性的,而是一个持续的过程。建模完成后,仍然需要对模型进行更新和维护。例如,随着设计的深入和变更,可能需要对构件进行调整和优化,以保持模型的准确性和可靠性。

通过遵循以上步骤,可以有效地进行设计工作,并获得准确、可靠的建筑模型。

【任务总结】

BIM 是一种可以在整个生命周期中产生并采集有关资料的新技术。利用 BIM 建立的 3D 信息模型,可以为项目管理者在制订计划时提供一个可借鉴的依据,并实现信息资源的共享。在此基础上,通过对 BIM 的可视化操作、优化分析和仿真,对建筑施工过程中的碰撞检查、虚拟建造、应急疏散模拟等技术的发展,以及在成本、安全、质量、进度等领域的实际运用,具有重要的理论意义和现实意义。在前述研究成果的基础上,构建 BIM 三维可视化运行和管理系统,将 BIM 和物联网相融合,实现 BIM 三维可视化运行和管理,减少施工过程中的各种风险,减少不必要的经济损失。

【任务习题】

1.简述 BIM 正向设计的步骤。
2.简述"BIM+"技术在建筑机器人中的应用。
3.试阐述 BIM 技术可为施工带来的好处。

任务 1.3　　三维激光扫描技术

三维激光扫描技术也称为激光扫描或激光测绘,是一种高精度的空间测量技术。它利用激光束来测量三维空间中点的位置,创建所扫描物体表面的精确三维表示形式,通常称为点云。该技术通过向目标物体发射激光,并计算激光束从发射到返回所用的时间或相位变化来测量物体的形状和大小。高速激光脉冲使其能快速测量大量的点,生成密集的点云数据,进而绘制出高度详细的物体表面重建模型,如图 1.4 所示。

在建筑工程中,传统的测量技术不但耗时长,而且很难达到扫描技术的精确度,尤其是在复杂或者难以获得的环境中。三维激光扫描技术为建筑工程师们提供了一种快捷、精确的方法来捕获复杂的现场条件,能够监测建筑施工过程中的结构变化,为维护和翻新老旧建筑等提供高效、精准的测量方案。同时,随着技术的发展,智能设备(如建筑机器人和机器狗)的出现,三维激光扫描技术的作用越发突出,让这些智能化设备配备激光扫描仪,可进行自主导航和环境映射。例如,机器狗可以遍历建筑现场,采集精确的地形和建筑数据,帮助项目团队优化设计方案,监测施工进度,并在施工过程中实时捕捉可能出现的问题。建筑机器人利用扫描技术记录的数据指导其执行任务,如精确钻孔、切割或焊接工作,极大地提高了施工的安全性和效率。

图 1.4　三维激光扫描技术

【任务信息】

三维激光扫描技术是一种可远距离获取多个目标三维信息的先进技术,能进入到传统测绘仪器及人员难以进入的地方进行三维测量,然后直接将采集的复杂目标实体数据导入电脑,最终重构出被测目标的三维几何信息、色彩信息以及反射强度信息,用于后续分析研究使用。三维激光扫描技术具有以下特点:

①非接触式测量。三维激光扫描技术直接通过激光扫描获取目标表面信息,无须布设棱镜、反射片等。因此,在保证采集有效数据的同时,大大降低了外业采集人员的作业风险。

②采集效率高。三维激光扫描每秒可以采集数十万甚至上百万个点,以实现快速采集目标物空间点云数据,再将数据导入电脑即可快速分析建模,极大提高采集及处理效率。

③采集数据全面。传统全站仪只能采集少量点,无法全面展示目标表面信息,而三维激光扫描技术采集的点云间隔可达亚毫米级,每平方米点云的数量可达数百万个,可以全面精确展示目标表面信息。

④对环境要求低。三维激光扫描技术受环境光线和温度影响小,可在昏暗甚至不可见的环境中采集出目标的三维几何信息以及反射强度信息。

⑤拓展性强、数字化程度高。三维激光扫描技术可以将所有采集的信息数字化表示,并可通过多软件多平台进行处理、共享和融合。

三维激光扫描技术可以高效、完整地记录施工现场的复杂情况,其应用思路主要是通过 BIM 模型与三维激光扫描设备结合进行正向或者逆向应用配合,实现现场高精度测量放线、精度把控、现场复核等。在项目设计、施工、运维管理全生命周期的任何阶段,三维激光扫描技术都可以高效、完整地记录施工现场的复杂情况,并与 BIM 模型集成,为工程质量检查、工程验收带来巨大帮助。三维激光扫描技术正迅速变革建筑工程行业,并逐步成为其中的核心技术之一。

【任务分析】

1.三维重建与三维扫描

三维扫描的目的是采集空间距离信息并实现对现实空间的重建,这个过程称为三维重建(3D Reconstruction),即利用计算机视觉、图像处理、光学技术等,从三维既有空间扫描获取的信息中,构建物体或场景的三维数字模型。该过程涵盖了多种技术和方法,三维扫描只是其中一种方式。目前,三维重建的方法主要有三维激光扫描、结构光三维扫描、断层扫描(CT 扫描)、摄影测量(Photogrammetry)。

(1)三维激光扫描

三维激光扫描是三维扫描技术的一种,也称为三维激光扫描技术。它是一种利用激光作为光源,对物体表面进行三维扫描成像的技术。该技术通过发射激光束到物体表面,并测量反射回来的激光束的飞行时间或相位来确定物体表面上的点的位置,然后将这些点的数据收集起来,并通过计算机处理,生成三维模型。

三维激光扫描的核心原理是利用激光束进行空间测距。常见的三维激光测距原理有 3种:三角测距法(Triangulation)、飞行时间测距法(也称为脉冲法)(Time-of-Flight,TOF)、相位测距法(Phase Shift)。它们都可以用于获取对象或场景的距离信息,从而用于三维建模和其他应用。其中,TOF 是基于测量激光脉冲从激光扫描仪发射到击中目标物体,并被反射回扫描仪所需的时间来计算距离,飞行时间越长,可以推断出物体离扫描仪越远,如图 1.5 所示。其适用于大范围的测量,如建筑和土木工程项目。

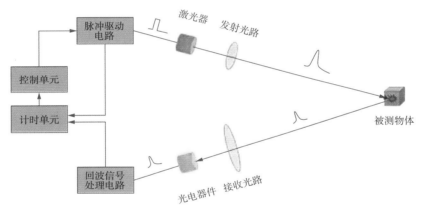

图 1.5　TOF 测距

(2)结构光三维扫描

结构光三维扫描是一种基于光的三维测量技术,用于精确地获取物体表面的三维形状和尺寸。该技术通过向目标物体投射具有特定模式的光(如条纹、点阵或其他预定图案),并使用摄像机或传感器捕获由物体表面反射和畸变的光图案,进而利用图案上观测到的变形来重建物体的三维形状。其主要采用的测距原理是三角测距法(图 1.6)。其适合于对中小型物体进行高精度扫描,如工业设计、质量检测、医疗成像等,也可以用于诸如扫地机器人、建筑机器人、手机或平板三维扫描等。

(3)断层扫描(CT 扫描)

断层扫描使用 X 射线并结合使用旋转 X 射线发射器和对面的探测器,以获得物体内部的横断面图像,然后使用计算机处理这些图像以重建出三维模型。在医学领域,它可以用来展现身体内部结构,而在工业领域可用于分析复杂的机械部件。

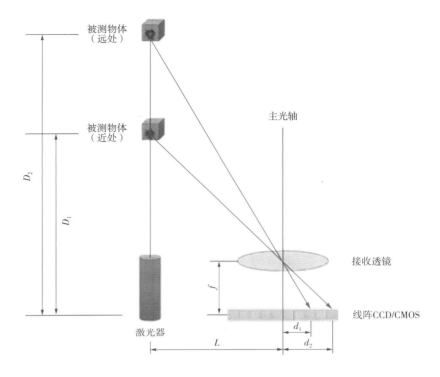

图 1.6   三角测距法原理

（4）摄影测量

摄影测量是通过分析从不同角度拍摄的一系列二维照片来创建三维模型。软件通过识别多个照片中共同的特征点，并计算这些点在三维空间中的位置来构建模型。其中，倾斜摄影是工程中常见的三维重建方法。它利用一组具有一定倾角的相机从多个方向拍摄对象，不仅捕捉顶部视图，还包括侧面信息。这对重建建筑物、地形等三维模型非常有用。倾斜摄影包含了更多视角的信息，能够创建出更为详细、立体的模型。

2.三维激光扫描仪发展历程及其种类

三维激光扫描仪的发展历程可以追溯到 20 世纪 60 年代，美国物理学家西奥多·迈曼发明首台激光器。这项开创性工作对三维激光扫描技术具有基础性和间接性影响，因为三维激光扫描仪的核心部件之一就是激光本身。

21 世纪以来，出现了许多新的三维激光扫描仪，如站式三维激光扫描仪、手持式激光扫描仪、手持移动式激光雷达扫描仪、背包式扫描仪等。

（1）站式三维激光扫描仪

站式三维激光扫描仪（图 1.7）通常有很高的测量精度和分辨率，并具有较远的扫描距离，如 100 m 到 300 m。站式三维激光扫描仪通常在单个位置进行扫描，也可以从不同的角度和位置进行多个扫描，以创建一个全面的点云模型。它们通常体积较大、质量较大，需要安置在稳定的平台上，根据距离不同，扫描精度可达毫米级。其适合用在需要高精度数据的场合，如建筑和工程测绘、文物和历史建筑保护、复杂工业装置的建模和监视、犯罪现场调查等。

图 1.7   站式三维激光扫描仪

（2）手持式激光扫描仪

手持式激光扫描仪（图 1.8）非常轻便且操作简便，允许用户对单个物体或较小区域进行快速和灵活的扫描。通常，它们通过红外光、结构光或光学扫描来捕捉物体的形状和表面，一般扫描精度很高，可达毫米甚至亚毫米级。其适合于工业设计和制造、艺术品复制、医疗应用（如牙科和整形外科）、科学研究以及任何需要对小到中等大小物体进行高分辨率三维数字化的场合。

图 1.8   手持式激光扫描仪

（3）手持移动式激光雷达扫描仪

手持移动式激光雷达扫描仪（图 1.9）提供了一种在移动中扫描的能力，较站式三维激光扫描仪更为便携，操作灵活，但精度通常略低于固定式扫描仪。这类扫描仪一般较小、便于便携，可以迅速移动和部署，适用于中等规模的场地。这类扫描仪一般带有 SLAM 系统，即实时定位和地图构建，可同时实现设备自身定位和环境地图构建。其原理是使用相机、激光雷达、惯性测量单元等传感器来收集环境信息，然后用算法将这些信息融合起来，以确定设备在未知环境中的位置，并构建一张环境地图。通过将激光和 SLAM 系统融合，可以实现边走边扫描，并能将移动过程的点云数据连续构建为一个整体，非常适合大场景、空间变化的三维重建，但一般精度在厘米级。其适用于建筑和工程场地、工业和制造设施、事故现场分析等环境，即较为适合那些对扫描速度有要求而对精度要求不是非常高的场合。

图 1.9　手持移动式激光雷达扫描仪　　　图 1.10　背包式扫描仪

（4）背包式扫描仪

背包式扫描仪（图 1.10）是一种高度移动化的扫描设备，一般整合有激光扫描仪、IMU、GNSS 和相机等设备。与手持移动式激光雷达扫描仪类似，其通常具备 SLAM 系统。这类扫描仪可以穿戴设备在较大的区域内漫步来收集数据，可以快速部署，并在难以进入或地形复杂的地方使用，一般精度为厘米级。其适用于大规模的空间和环境的测绘工作，如城市开发规划、景观分析、林业管理、考古调查等。

另外，还有将三维激光扫描仪集成到车辆、机器狗、机器人、无人机等，加上导航系统（如 GPS 和惯性测量单元）、相机等单元，可以实现更多应用场景，如无人驾驶、机器巡检、机器加工等。每种扫描仪都有其优势所在，可以根据精度、范围、实时性、现场条件等因素来选择合适的扫描设备。随着技术的发展，这些设备也在不断变得更加高效、精确，并拓展到新的应用领域。

目前，全球三维扫描仪主要如下：

①法罗（FARO）：三维扫描仪产品涵盖激光三角测量扫描仪、结构光扫描仪和时间飞行扫描仪等多种类型。

②徕卡测量系统（Leica Geosystems）：三维扫描仪产品主要包括激光三角测量扫描仪和时间飞行扫描仪。

③天宝测量系统（Trimble）：三维扫描仪产品主要包括激光三角测量扫描仪和结构光扫描仪。

④Hexagon Metrology：三维扫描仪产品涵盖激光三角测量扫描仪、结构光扫描仪和时间飞行扫描仪等多种类型。

近年来，我国的三维激光扫描技术也得到飞速发展。国内生产三维激光扫描系统等相关产品的主要公司如下：

①南方测绘：一家集研发、制造、销售和技术服务为一体的专业测绘仪器、地理信息软件产业集团，产品出口到全球 100 多个国家和地区。三维激光扫描产品主要有手持激光扫描仪、便携式三维激光扫描仪、机载三维激光扫描系统。

②中海达:一家北斗+精准定位装备制造类公司,产品销售网络覆盖全球逾100个国家和地区,专注于高精度定位技术产业链相关软硬件产品和服务的研发、制造和销售,深化北斗精准位置行业应用。三维扫描产品主要包括机载激光扫描系统、地面激光三维扫描仪、SLAM便携式移动测量系统等。

③华测导航:聚焦高精度导航定位相关的核心技术及其产品与解决方案的研发、制造、集成和产业化应用。三维扫描产品主要包括手持扫描仪、多平台激光扫描系统、架站式扫描仪等。

④先临三维:三维扫描产品主要包括手持扫描仪、固定式蓝光三维扫描仪等。

【任务实施】

三维激光扫描技术的工作流程主要分为两个方面,分别是室外采集和室内处理。室外作业得到的点云质量会直接影响室内处理的效果。三维激光扫描工作主要包括以下步骤:现场勘察、扫描方案设计、站点选取及点云数据采集,如图1.11所示。

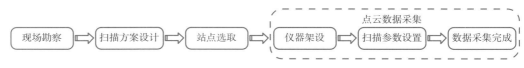

图1.11 三维激光扫描技术流程图

为方便进行三维激光扫描任务,首先需要收集现场区域已有的基本资料,在扫描前进行充分的现场踏勘工作,充分了解现场的环境状况,主要包括熟悉现场环境、预估扫描区范围、排查扫描区内可能存在的遮挡物,同时收集相关资料,如地形图、地理方位及可布设控制点区域等。根据以上的前期准备,制订可行的扫描方案。扫描方案的制订具体包括以下内容:

①观察扫描场地,记录场地高程、方位等信息。

②确定扫描范围、遮挡物情况、主要扫描对象等。

②确定扫描仪类型、参数设置要求以及后处理软件的功能是否齐备。

④地面扫描站点布设位置,扫描参数设置。

扫描方案设计结束后,根据扫描计划选择合适的站点位置、扫描范围、扫描参数等对目标对象进行扫描。同时,确认好目标所处方位,方便后续将点云坐标转换到实际大地坐标系内。该流程为单站扫描技术路线。若需多站点扫描,则重复以上步骤。

通过以上的点云数据扫描步骤,得到三维点云原始数据,但由于点云特性复杂,原始数据存在大量干扰点,需要预先处理才能实际应用于工程分析。在处理过程中,每一步都至关重要。前期处理造成的数据精度损失会极大地影响后期数据的正确性。因此,流程中的每一步都需要尽可能地保证原始点云数据结构特征,减少目标数据损失。因此,点云数据处理主要包括以下5个步骤:点云预处理、点云拼接(单站点可不进行)、点云坐标转换、点云数据识别及识别点提取等。三维激光扫描技术流程如图1.12所示。

图1.12 三维激光扫描技术流程图

最后,根据实际工程项目的需要,利用相应的软件对生成的点云进行分析,得到检测的结果等。

【任务总结】

三维激光扫描作为一种新兴的非接触式测绘技术,具有效率高、测量速度快、测量精度高以及数字化程度高的独特优势,可以在技术人员难以到达的危险环境中不需要设置反射棱镜就可以实现测量。它是现代测量行业中最先进的方法,通过高密度的数据网格存储目标测物的空间坐标和表面信息,可以对待测物体进行更详细的描述。随着对三维激光扫描技术、三维建模算法以及相关应用软件的不断深入研究,凭借三维激光扫描仪的巨大优势,其应用领域不断地扩大。三维激光扫描设备的市场也逐渐扩大。三维激光扫描技术目前已经成功应用于遗产与文物保护、工业设计与检测、无人驾驶、地形测绘、地质研究以及大型基础设施数字化管理与检测等方面。

地面三维激光扫描的应用范围可以总结为以下 4 个方面:

①广泛应用于各种产品以及项目的战略规划、虚拟现实、系统仿真、实效推演以及相关的分析和评估工作,如工业领域内的模具设计、加工,汽车检测、质量监控及技术改进等。

②应用于实物原始结构形态及三维数据的现场采集、还原改进、三维逆向重构、体积计量、面积计量、距离计量、角度计量、结构分析、校验正向设计、逆向反求、结构特性测试等,如考古测量中的文物修复、古迹保护遗址测绘及虚拟模型建立、土石方计算、城市环保评估及模拟三维城市框架等。

③广泛应用于变形监测、维修检测、强度分析、加载分析等监测项目中,如地质领域的边坡稳定性监测、矿场勘测及发展分析、地表植被测绘等。

④广泛应用于虚拟现实或者可视化管理,如试验、培训、虚拟设计、制造、视图等,还可以用于影视产品的设计,为场景设计精彩镜头或者 3D 游戏开发等。

【任务习题】

1.简述三维激光扫描仪的种类及其特点。
2.试阐述三维激光扫描技术在建筑工程中的应用前景。

任务 1.4 其他数字技术

智能建造不仅涵盖了 BIM 技术、三维激光扫描技术等,还包括 GIS 技术、大数据与人工智能技术、物联网技术、虚拟现实与增强现实技术等。智能建造的核心在于利用物理信息技术实现智能施工现场,通过结合设计和管理实现对生产方式的灵活调整,从而推动建筑施工方式的升级。

【任务信息】

智能建造是新一代信息技术和工程建造的有机融合,加速实现了建造过程的自动化、智能化和信息化,成为建筑业发展的重要方向和转型升级的必然选择。为推动建筑业高质量发展,我国对智能建造高度重视,采取了一系列举措和相关政策,搭建标准体系,全方位推进智能建造关键技术研发,通过推动数字化设计,推广智能化生产、智能化施工,开展试点工作等措施,积极推动建筑业转型升级。

智能建造的主要内容包括施工机器人、智能设备、云辅助施工等。其中,施工机器人是当前应用最广泛、最为成熟的智能施工技术,可以实现对建筑物混凝土施工、墙体构建等环节的自动化控制,从而提升施工效率和质量。施工机器人的核心技术是人工智能技术。智能设备则可以通过无线通信、物联网、云计算等技术实现对施工现场的信息化管理和监控。云辅助施工则可以通过互联网和云计算技术实现对施工流程的协同和优化。

【任务分析】

智能建造是传统建筑业施工效率低下、环境污染严重、建造方式粗犷等各种问题凸显催生的新型建造方式,是物联网、BIM、区块链、人工智能、大数据、智能机器人等新兴技术高速发展的必然结果。工业制造经历了机械化、电气化、自动化、智能化、智慧化 5 个阶段,工程建造也要经历这 5 个阶段,现代信息技术的发展必将深刻影响智能建造行业。

【任务实施】

1.GIS 技术

地球信息系统(Geographic Information System,GIS)是指基于计算机硬软件,由相互关联、相互制约的地理信息输入、存储、检索、分析、更新、制图、可视化等功能模块组成的信息系统。

GIS 技术的特点如下:

①空间数据集成。GIS 技术可以将不同来源的空间数据进行集成,实现各种数据格式、结构和源的融合。这意味着可以整合不同的 BIM、遥感影像、传感器数据等。

②空间数据可视化。GIS 技术通过可视化技术,将各种空间数据转换为图形或图像,以便用户更直观地理解和分析数据,可以将建筑物的设计图纸、施工计划、设备布局等转换为可视化的 3D 模型,方便施工管理和协调。

③空间数据分析。GIS 技术可以进行空间分析,包括缓冲区分析、路径分析、网络分析等,以便对建筑物周围环境和交通状况进行评估和优化;可以利用 GIS 技术进行建筑物的位置选址、物流路线规划、安全风险评估等分析。

④空间数据管理。GIS 技术可以对空间数据进行管理和更新,包括数据采集、处理、存储和共享等;可以利用 GIS 技术进行建筑物的档案管理、施工进度监控等。

GIS 技术主要的应用场景如下:

①建筑物选址。GIS 技术可以通过综合考虑多种因素,如地形地质条件、交通网络状况、建筑物周边环境等,用于提供科学的选址决策支持,评估选址的可行性和风险,以确保建

筑物在最适宜的位置建设,同时也可以减少建筑物建设过程中的风险和成本。

②施工管理。GIS 技术通过地图展示和分析、施工计划管理、施工监督和调度,以及人员、设备和材料管理等信息整合,用于及时调整施工计划和资源配置,提高施工管理效率和质量,实现施工全过程的可视化、数字化、智能化管理。

③安全风险评估。利用 GIS 技术进行建筑物安全风险评估,包括考虑地质地形、气候环境、自然灾害等因素,制订防灾预案和应急救援措施。同时,通过 GIS 技术对施工现场进行监测和分析,包括检测危险区域、安全隐患和防护设施等,提高施工安全性。

④设备布局设计。利用 GIS 技术进行建筑物设备布局设计,包括优化空调、供水、电力等设备的位置和数量,提高能源利用效率和节能减排效果。同时,GIS 技术还可以将设备布局方案通过空间可视化呈现在地图上,帮助决策者更直观地了解布局方案,进行优化和调整。

⑤建筑物维护管理。利用 GIS 技术进行建筑物维护管理,包括定期巡检、设备保养、维修等工作,以保证建筑物的正常运行和使用寿命。例如,通过地理信息分析,可以对建筑物周围环境的变化进行监测,及时发现可能对建筑物造成影响的因素;通过空间可视化技术,可以对建筑物的内部结构进行三维可视化展示,方便维护人员快速定位问题所在。此外,还可以利用 GIS 技术进行维护计划的制订和执行,提高维护效率和质量。

2. 大数据与人工智能技术

大数据(Big Data),也称为巨量数据。大数据是由大量的、以结构化和非结构化数据为代表的,不能通过常规的软件工具快速获取、筛选和分析其内容的电子数据集合。它意味着要发展新的处理方式,以挖掘其中潜在的、具有重要意义的信息,从而为决策提供参考。大数据技术的本质,就是从各种类型的、数量庞大的数据中,迅速地获取目标数据以及所需要的信息而使用到的一系列技术。大数据技术被称为技术集合,并不只是一种技术。从整体上来看,大数据技术主要有两种:一种是对电子数据本身的处理,通常包含了数据的存储技术、传输技术、检索技术等;另一种是以电子数据为样本进行的分析处理,通常包含数据处理、数据分析等。

人工智能(Artificial Intelligence, AI)是计算机科学的一个分支,由机器学习、模式识别、计算机视觉、自然语言处理等不同学科领域组成的新的交叉型学科。它的主要目标是研究、开发、设计可以用于模拟和扩展人类思维的理论、方法和技术,对人类的思维方式、意识和学习经验进行模拟和建模。随着人工智能的发展,它已经不仅仅局限于是人的智能,也滋生了超人类智能逻辑推理和思考演化等相关的研究,旨在通过智能的方式提高人类的生活水平和质量,替代传统的人工模式。

大数据与人工智能技术为智能建造提供了强大的分析和决策支持能力。大数据技术通过收集、存储和处理大量的建筑工程数据,如历史项目数据、材料数据库、传感器数据等,为建筑工程提供了全面的信息基础。人工智能技术则通过机器学习、深度学习等算法,对大数据进行分析和挖掘,提取出有价值的信息和模式。在智能建造中,大数据与人工智能技术可以应用于建筑设计优化、施工进度管理、风险预测、材料选择、工艺优化等方面。例如,通过分析历史数据和建筑模拟,可以为建筑师提供优化的建筑方案;通过监测数据和智能算法,可以预测施工过程中的潜在风险并提供预警。大数据与人工智能技术的应用,使得建筑工程更加智能化、高效化和可持续化。

3.物联网技术

物联网(the Internet of Things,IOT),即物与物相连的互联网。物联网是利用红外感应系统、射频识别系统(RFID)、全球定位系统(GPS)以及激光扫描仪等信息传输感知设备,按事先约定的协议,使网内物体智能化,并通过接口把待连接物品连入互联网,形成一张巨大的物品与物品之间相互连接的分布式网络,进一步实现物品智能化识别、定位、跟踪、监控和管理。该定义包含两层含义:第一,物联网的基础、核心仍是互联网,物联网通过互联网延伸和扩展;第二,物联网终端能够扩展和延伸到任意物品之间,物品之间以互联网为载体借助相关技术进行信息智能化通信与交流。例如,将物联网技术应用于建筑工程集成中,能够有效保障系统信息的安全性。物联网技术集成到建筑工程施工管理系统中时,整个系统可以实时监控施工能耗、安全等,实现管理和控制的集成和统一。

2009年,美国的《2025年对美国利益潜在影响的关键技术报告》把物联网技术列为关键技术。同年,欧盟、韩国分别发布《欧盟物联网行动计划报告》《物联网基础设施构建基本规则》,明确发展物联网。

我国移动物联网的良好发展态势,主要得益于以下3个方面的因素。一是国家高度重视移动物联网发展。党的二十大报告指出,要加快发展物联网,加快发展数字经济,促进数字经济和实体经济深度融合。工业和信息化部通过《关于全面推进移动物联网(NB-IoT)建设发展的通知》《关于深入推进移动物联网全面发展的通知》等政策文件加强顶层设计,为移动物联网发展构建良好政策环境,并在2021年和2022年连续两年开展移动物联网应用优秀案例征集活动,推动应用创新,提升产业活力,促进移动物联网产业生态加快发展。二是各行各业为移动物联网发展提供了广泛的应用场景。经过多年努力,我国已建成世界上最为完整的产业体系,是全世界唯一拥有联合国产业分类中全部工业门类的国家。各行各业在数字化转型过程中,加快与移动物联网结合,产业界形成了丰富的应用实践,推动了移动物联网连接数的快速增长。三是覆盖广泛的移动通信网络为移动物联网业务的发展提供了坚实的网络基础。我国建成了全球规模最大的移动通信网络。截至2022年底,移动通信基站达1 083万个,覆盖广度和深度持续提升,初步形成窄带物联网(NB-IoT)、4G和5G多网协同发展的格局,能够提供不同速率等级的连接能力,满足各行业物联网业务和应用场景要求。目前,物联网技术在工业、农业、交通、环境、建筑等基础设施领域得到广泛的应用,并且发挥了十分重要的作用。

我国将物联网技术引入建筑业,其中"智慧建筑"的概念正是通过物联网技术来实现的,能耗管理、消防、安保以及室内环境等方面通过物联网技术搭建信息传输和监测平台,可以更高效完成需求,同时建立反馈机制,确保建筑的稳定运行和有效管理。

4.虚拟现实与增强现实技术

(1)虚拟现实技术

虚拟现实(Virtual Reality,VR)是20世纪80年代由美国提出并发展起来的一种全新的计算机高新技术。它综合采用电子信息、计算机图形系统与仿真技术等,生成具有视、听、触觉等多种感知的三维环境,用户可以通过外部设备与此虚拟的三维环境进行交互,从而有沉浸式感觉,产生身临其境的感受。虚拟现实技术使用计算机模拟一个看似真实的环境,能让用户从视觉、听觉、触觉等多方面体验,从而将思想意识带入虚拟世界中。

经过 40 余年的发展,虚拟现实技术已经广泛应用于影视娱乐、教育、设计、医疗、军事、航空航天等领域。虚拟现实技术具有沉浸性、交互性、构想性、多感知性和自主性 5 个特征。其中,构想性、沉浸性、交互性称为虚拟现实技术的"3I"特征。

①沉浸性。沉浸性是虚拟现实技术最主要的特征之一,是指运用 VR 设备使使用户感觉置身于计算机系统仿真的环境中,可全方位地感知虚拟世界,包括触觉、嗅觉、运动感知等,并在感知中产生思维共鸣,仿佛身临其境。

②交互性。交互性也是虚拟现实技术的主要特征,是指体验者运用相应的设备与虚拟世界中的物体进行互动,当体验者进入虚拟世界时,在计算机仿真系统或者其他技术的辅助下,能让用户跟环境相互作用。例如,如果体验者在虚拟世界中对某物品发生行为动作,相应地,物品也要根据体验者的动作进行位置或状态改变。交互性是对沉浸性的升华,能让体验者获得更好的体验感。

③构想性。构想性是指体验者在虚拟空间中,随着虚拟世界的改变,加深对某种现象的理解,也可以创造出客观不存在的场景等。例如,国内的一些建筑安全教育培训 VR 体验馆中,常常会设计高处坠落的体验内容,使体验者在虚拟世界中感受高处坠落的恐惧,从而提高体验者的安全意识,加深对高处坠落事故的理解。

(2)增强现实技术

增强现实(Augmented Reality,AR)是指将计算机生成的虚拟物体或信息叠加到真实场景中,从而提供一种虚实交互的新体验,为用户展示更丰富有效的信息。增强现实概念提出于 20 世纪 90 年代初期,在波音公司的汤姆·考德尔(Tom Caudell)和他的同事们所设计的线缆辅助布线系统中出现。在该线缆辅助布线系统中,将简单线条绘制成的具体布线路径与相应的工艺文字提示信息通过穿透式头戴显示装置实时叠加到飞机装配工人的视野中。随后,增强现实技术得到蓬勃发展。各种各样的增强现实应用系统相继出现,主要集中在工业装配与设备维修、医疗手术指导、机器人操作辅助、教学辅助以及娱乐和军事等多个领域。我国在 20 世纪 90 年代末开始增强现实技术的研究,是发展计算机图形学和计算机视觉研究过程中的自然延伸。目前,增强现实技术在建筑领域的应用也越来越广泛,它可以帮助工程师进行设计和施工。例如,增强现实技术可以将 3D 模型投影到建筑现场,让建筑师可以更好地了解建筑结构和施工进度。

2021 年 3 月,《中华人民共和国国民经济和社会发展第十四个五年规划和 2035 年远景目标纲要》正式公布,其中"建设数字中国"单列篇章。在该篇章中,框定了数字经济重点产业的具体范围,虚拟现实和增强现实列入"建设数字中国"数字经济重点产业。虚拟现实业务形态丰富,产业潜力大、社会效益强,以虚拟现实为代表的新一轮科技和产业革命蓄势待发。虚拟经济与实体经济的结合,将给人们的生产方式和生活方式带来革命性变化。虚拟现实与增强现实技术在智能建造中发挥着越来越重要的作用,必将深刻影响建筑的建造方式、管理方式等。

【任务总结】

　　智能建造技术在当代建筑工程中的应用呈现出日益重要的作用,通过 GIS 技术、大数据与人工智能技术、虚拟现实与增强现实技术以及物联网技术的应用,实现了智能化、数字化、可持续发展和协同化的趋势。这些技术的应用在建筑设计、施工管理、监测与维护以及能源管理与节能等方面带来了诸多优势,为建筑工程的效率提升、质量保障、安全管理和可持续发展提供了强有力的支持。

【任务习题】

　　1.简述 GIS 技术的特点。

　　2.举例说明人工智能在建筑施工现场管理方面的应用。

　　3.在建筑施工中,VR、AR 技术主要有哪些用途?

模块 2　建筑机器人工作基本原理

育人主题	建议学时	素质目标	知识目标	能力目标
认识信息化和智能化在建筑业发展过程中的基础性和必要性	10	智能建造技术在经济、技术、文化等领域具有革命性的技术应用,培养学生的创新意识	了解智能建造发展的最新技术与现状,掌握建筑机器人的工作原理和结构	能够准确理解并口述建筑机器人的基本构成及运动的基本原理

任务 2.1　建筑机器人概述

　　建筑机器人是指能够按照计算机设定的程序自动执行任务的施工设备,主要由控制部件、传感部件和机械部件等构成。在建筑业转型升级和政策引导的行业背景下,建筑机器人基于确保施工安全、提高施工效率和质量、助力绿色低碳和吸引年轻劳动力回流等方面的应用优势,具有良好的发展前景。部分发达国家自 20 世纪 80 年代起就对建筑机器人开展了一系列研究并取得了一定进展。例如,美国斯坦福大学等科研院校对建筑机器人相关技术进行了研究,法国的科研院所重点聚焦建筑现场移动机器人的相关技术攻关。我国对建筑机器人研究起步较晚,但在过去的几年里,我国在工业机器人、特种机器人和机器人通用技术等方面积累了许多的经验,储备了大量的人才,加之国家大力倡导创新,国内逐渐出现了一批建筑机器人开发企业。随着智能建造的推动和高新技术的发展,未来我国的建筑机器人发展必将取得巨大的进步。

【任务信息】

　　建筑市场现阶段正由"增量时代"向"存量时代"过渡。目前建筑业仍属于劳动密集型行业,是目前数字化、智能化程度较低的产业领域。一方面,我国建筑领域机器人普及程度与国际水平相比差距较大。2020 年,我国每万名建筑工人使用的建筑机器人为 108 台,同比仅为新加坡的 1/6。多数建筑相关企业仍处于"搬砖头、扎钢筋、浇混凝土"的人工粗放状态,生产效率相对偏低,且传统建筑业还面临安全事故频发、产品性能参差不齐、资源浪费巨大、环境污染严重等问题。另一方面,近年来,我国建筑工人数量持续下降。根据中国建筑业协会发布的《2023年建筑业发展统计分析》,2023年,我国建筑业从业人数为5 253.75万人。随着建筑工人老龄化趋势加重,年轻劳动力不愿从事建筑行业,用工成本持续上涨,且建筑工人工作临时性强、流动性大,这些问题严重影响了我国建筑行业的健康发展。因此,建筑行业急需找到新的技术突破口,降本增效,实现可持续发展。在此背景下,建筑机器人技术的应用推广及相关智能建造体系的搭建便成为建筑业转型升级的最佳选择。

【任务分析】

建筑业作为劳动密集型产业,在改革开放的浪潮中,不但为现代化建设做出了巨大贡献,同时也解决了广大农村富余劳动力的就业问题。但随着社会的进步和人力资源整体素质的提升以及我国人口结构的根本性改变,劳动力缺口凸显,与此对应的低效、高成本的缺点逐渐显现出来;同时,智能制造的浪潮席卷全球,并且在诸多制造业领域已成功实践,如何在建筑业中实现应用成为历史性的课题。

信息化革命正以势不可挡的趋势在各个行业迅速蔓延,提高建筑行业从业人员的整体素质并改良建筑机械,引入信息化和智能制造势在必行。此举不仅能够解决劳动力短缺的结构性问题,同时能够在信息化的加持下,彻底改变建筑业粗犷型生产模式,向精细化、智能化、高效、低碳、低成本的方向发展。

建筑业的智能化改革,不能缺少建筑机器人的应用。建筑机器人的开发,结合了建筑施工工艺、机器人执行的硬件和控制系统软件应用等诸多领域的技术,是建筑技术、机械电气技术、信息技术的综合应用。目前,国内外多家机构都在实验室的基础上,将焊接、石材处理、木构、砌筑、预制混凝土等成熟的建筑机器人商用,并在一定范围内取得了不错的成果。

【任务实施】

1.智能建造产业升级

科技发展始终是建筑业转型升级的强大推动力。"中国制造2025"等国家战略的提出昭示着新一轮技术革命的到来,为建筑产业的信息化发展提供了重要机遇。

从广义上讲,建筑工程建造是一种特殊的制造业,建造行业的发展同样受到原材料生产、建造设备自动化等因素的严格限制。当前,建造行业的工业化、信息化程度却远远落后于制造业等其他行业。粗放的生产方式导致了生产效率的低下,也带来了工程材料的大量浪费,如何利用信息化技术将粗放型、劳动密集型生产方式转变为精细化、系统化、智能化生产模式成为建筑产业升级的关键所在。

建筑智能建造产业升级是解决建筑业诸多问题的有效途径之一。基于信息物理系统的建筑智能建造通过充分利用信息化手段以及机器人智能建造装备的优势,加强了环境感知、建造工艺、材料性能等因素的信息整合。通过智能感知和机器人装备,实现了高精度、高效率的建筑工程建造,推动了传统建筑行业人工操作方式向自动化、信息化建造施工方式的转变。

2.国家政策支持

2017 年 2 月,国务院办公厅印发的《国务院办公厅关于促进建筑业持续健康发展的意见》,鼓励大力研发、制造和推广建筑机器人等智能建造设备。2019 年 9 月,住房和城乡建设部印发的《关于完善质量保障体系提升建筑工程品质的指导意见》提出,要加大智能设备研发力度。2021 年 2 月,住房和城乡建设部发布的《关于同意开展智能建造试点的函》提出,在全国设置 7 个项目开展智能建造试点工作,要求试点项目先行先试,尽快探索出一套可复制、可推广的智能建造发展模式及相关实施经验。2022 年 1 月,住房和城乡建设部印发的《"十四五"建筑业发展规划》特别强调,要加快建筑机器人的研发与应用。

在住建部门持续出台建筑机器人产业扶持政策的同时,工业和信息化部等部门也将建筑机器人纳入政策支持范围。2022 年 4 月,工业和信息化部等部门发布的《"十四五"机器人产业发展规划》指出,要面向建筑业需求,重点推进建筑机器人的研制及应用,随后于 2023 年 1 月印发的《"机器人+"应用行动实施方案》进一步细化了对建筑机器人的政策支持。

3.建筑机器人建造实践

建筑机器人公司的出现是建筑机器人从研究室走向实践应用的标志。这些公司一般以建筑学为主导,带着建筑学在设计层面上的优势,踏上了建筑业的舞台。2006 年,格马里奥和科勒研究所使用机器人砖墙砌筑技术完成了甘特宾酒庄的建筑立面表皮预制建造。通过机器人砌筑工艺,成功让砖墙表皮呈现出交织的球状肌理,开辟了建筑领域机器人数字建造的先河。之后的 10 年间,随着建筑机器人研究的迅猛发展,相关实践也层出不穷。2015 年,江苏省园艺博览会现代木结构主题馆的大跨度木拱壳结构中,采机器人数控铣削技术进行复杂木结构节点的批量定制生产。

建筑机器人公司的实践无疑在一定程度上展现了机器人建筑产业化的巨大潜力,但当下实践的数量和范围仍未全面展开,建筑机器人技术的成熟与应用仍有待更多的建筑机器人建造技术进入市场。

地坪涂敷机器人

地坪研磨机器人

墙面打磨机器人

腻子打磨机器人

【任务总结】

随着经济社会和科学技术的不断发展进步,人们对建筑物的安全和质量提出了越来越高的要求。这些需求普遍具有综合性、超前性、实用性等特点,必须通过智能建造技术及相关设备来实现。建筑机器人满足了现代社会对建筑物的新需求,在助力建筑行业转型升级,降低对人工操作依赖性,提高施工安全性、质量及效率,改善建筑行业施工环境及可持续发展等方面都具有重大意义。建筑机器人装备也是实现智能建造的重要方向。

【任务习题】

1.目前,建筑机器人在行业中发展较为缓慢,试分析其原因。

2.建筑机器人在现代建筑业中不乏使用的案例,试搜集相关的案例资料。

任务 2.2　　建筑机器人类型和系统结构

机器人技术是工程学的一个分支,将计算机科学与机械和电气工程融为一体。随着机器人技术扩展到建筑领域,目前有许多类型的机器人应用于建筑领域,为这个行业提供了很多创新性方案,开辟了一系列新的可能。

【任务信息】

建筑机器人作为应用在建筑领域的机器人,它们的出现使得建筑施工过程更加高效、安全和持续,为建筑行业带来了许多好处。建筑机器人不仅可以执行挖掘、运输、货物提升、混凝土作业和拆除等任务,实现自动化,还可以利用机器人技术和机器辅助应用进行工业化建筑和 3D 打印等活动。建筑工程作业环境的复杂性、施工工艺的多样性、人机协作的要求,使得建筑机器人具有不同于常见机器人的独特的形态样式和系统结构。

【任务分析】

建筑机器人作为在建筑领域替代人类作业的设备,在建筑行业中从勘察调研、设计建造、运营维护到拆除的全寿命周期内的各个场景均有开发应用,协助人类完成对应的工作,大大降低了工人的工作强度,同时提高了效率和安全性。

建筑机器人能够替代人类进行工作,除了要有作业的"手",还要有获取信息的"眼"、控制行动的"脑"、提供能量的"心",实现运动的"关节"等系统协调配合,才能成功完成各项预定的工作任务。

【任务实施】

1.建筑机器人类型

根据建筑机器人在建筑全生命周期内的使用环节和用途,将其进行了较为详细的分类,分为调研机器人、建造机器人、运营维护建筑机器人、破拆机器人。

（1）前期调研机器人

机器人系统越来越多地用于建筑工地的自动化工作,如场地监测、设备运行和性能及施工进度监测（包括施工现场安全）、建筑物和立面的测量和重建,以及建筑物的检查和维护等。这类机器人覆盖面广,在数据丰富度、速度、工作流程和数据整合方面具有优势,在减少人力成本等方面也优势巨大。研究表明,测量机器人可以将测量工程师的工作时间减少75%。无人机遥感传感器的性能迅速改进,使整个数据采集流程实现自动化,将有助于进一步提高工程师设计与分析建筑的能力。未来,这些调研机器人系统的使用将在提高施工总体生产力方面发挥重要作用。其具体可分为地面调研机器人、空中调研机器人。

（2）建造机器人

建造机器人有预制化场景机器人和现场建造机器人。

①预制化场景机器人包括预制板生产机器人、预制钢结构加工机器人、预制混凝土加工机器人、预制木结构机器人。

②现场建造机器人包括地面和地基工作机器人、钢筋加工和定位机器人、钢结构机器人、混凝土机器人、搬运及装配机器人、喷涂机器人、辅助机器人。

（3）运营维护建筑机器人

运营维护建筑机器人包括服务、维护和检测机器人及翻新和回收机器人。

（4）破拆机器人

在新的建筑施工前,要进行场地整理工作。场地上原有建筑的拆除工作是场地整理的重要环节。旧建筑的破拆工作任务繁重,且具有一定的风险。破拆机器人可进行半自动或全自动破拆操作。其特点是可适应较恶劣环境,自动化水平高,具有一定自主识别与避障能力,而且可以运用多台机器人同时进行作业。

2.建筑机器人系统结构

要了解建筑机器人的工作原理,首先从建筑机器人的结构组成开始。建筑机器人主要由3大部分、6个子系统组成。3大部分是感应器、处理器和效应器。6个子系统是驱动系统、机械结构系统、感知系统、机器人环境交互系统、人机交互系统以及控制系统。每个系统各司其职,共同完成机器人的运作。

（1）驱动系统

要使机器人运行起来,就需给各个"关节",即每个运动自由度安置传动装置,这就是驱动系统。驱动系统可以是液压传动、气动传动、电动传动,或者把它们结合起来应用的综合系统,也可以直接驱动或者通过同步带、链条、轮系、谐波齿轮等机械传统结构进行间接驱动。

（2）机械结构系统

机械结构系统是工业机器人用于完成各种运动的机械部件,是系统的执行机构。机械结构系统由杆件和连接它们的运动副构成,具有多个自由度,主要包括手部、腕部、臂部、足部等部件。

（3）感知系统

感知系统由内部传感器模块和外部传感器模块组成,用以获取内部和外部环境状态中有意义的信息。智能传感器的使用提高了机器人的机动性、适应性和智能化水平。对于一些特殊的信息,传感器比人类的感受系统更有效。

（4）机器人环境交互系统

机器人环境交互系统是实现工业机器人与外部环境中的设备相互联系和协调的系统。机器人环境交互系统可以是工业机器人与外部设备集成为一个功能单元,如加工制造单元、焊接单元、装配单元等,也可以是多台机器人、多台机床或设备、多个零件存储装置等集成为一个去执行复杂任务的功能单元。

（5）人机交互系统

人机交互系统是使操作人员参与机器人系统控制并与机器人进行联系的装置。该系统归纳起来分为两大类:指令给定装置和信息显示装置。

（6）控制系统

控制系统通常是机器人的中枢结构。控制的目的是使被控对象产生控制者所期望的行为方式,控制的基本条件是了解被控对象的特性,而控制的实质是对驱动器输出力矩的控制。现代机器人控制系统多采用分布式结构,即上一级主控计算机负责整个系统管理以及坐标变换和轨迹插补运算等;下一级由许多微处理器组成,每一个微处理器控制一个关节运动,它们并行完成控制任务。

【任务总结】

在本任务中,我们学习了解建筑机器人的各种类型以及它们的基本功能,以及建筑机器人的系统结构组成。根据建筑机器人在建筑全生命周期内的使用环节和用途,将建筑机器人分为前期调研机器人、建造机器人、运营维护建筑机器人和破拆机器人4类,并将建筑机器人正确应用于不同工程场景中。根据建筑机器人各组成部分的功能,建筑机器人由感应器、处理器和效应器3大部分组成,包括驱动系统、机械结构系统、感知系统、机器人环境交互系统、人机交互系统以及控制系统6个子系统。

【任务习题】

1.建筑机器人的类型有哪些?
2.试阐述建筑机器人系统的结构组成。

任务 2.3 建筑机器人原理

为完成建筑行业的产业升级,我国基于自身建筑行业的特点,将工业机器人引入建筑行业,大力研发建筑机器人,但相比于一般的制造业工厂中的流水线环境,建筑施工环境更加复杂多变,人员流动性大,施工场景不固定,作业任务种类繁多。因此,不同于其他的工业机器人,建筑机器人必须有较高的智能水平,其设计过程和工作原理较工业机器人复杂。

【任务信息】

建筑机器人一般由机械系统、控制系统、传感器系统和计算机系统等组成。其中,机械系统是实现建筑机器人动作的关键,包括一系列的机械部件,如臂部、腕部、末端执行器等。控制系统则负责根据传感器的输入信号,通过计算机对机器人的运动进行精确控制,以完成各种任务。传感器系统包括多种传感器,如视觉传感器、距离传感器、力传感器等,用于获取周围环境信息,为机器人提供更多的反馈信息。计算机系统则是机器人的"大脑",负责处理各种信息,进行决策和控制。

【任务分析】

建筑机器人在作业中是如何运动的呢? 基于坐标体系,结合环境和人机交互的感应系统,通过控制系统在对信息处理后的指令执行不同的动作。根据需要建立不同的坐标系,不同的建筑机器人配置不同的技术参数,实现不同的运动轨迹,从而完成不同的工作。

机器人在执行动作的过程中,机械臂伸长的长度、驱动力的大小都需要精确计算,才能实现运动的精准性,从而达到机器人工作的准确性。如何在运动过程中将感应系统感知的环境信息精确地变更为动作指令,且精准地实现距离和力度的控制? 除需要有机械系统和指令系统外,还需要对获取的信息进行计算处理,也就是算法的支持。这就需要用到基础的数学模型来帮助计算和输出。建立机器人动力学方程的方法有牛顿-欧拉法和拉格朗日法等。

【任务实施】

1.建筑机器人机械结构

1)建筑机器人机械结构基本形式

按建筑机器人臂部的运动形式,可将其分 4 种类型:直角坐标型(Carte-sian Coordinate)、圆柱坐标型(Cylindrical Coordinate)、极坐标型(Polar Coor-dinate)和多关节型(Articulated Coordinate)。其中,直角坐标型的臂部可沿 3 个直角坐标进行上下、左右以及前后移动;圆柱坐标型的臂部可做升降、回转和伸缩动作;极坐标型的臂部能进行回转、俯仰和伸缩运动;多关节型的臂部有多个转动关节。

(1)直角坐标型机器人

典型的 3D 直角坐标型(Cartesian Coordinate)机器人结构如图 2.1 所示。它由水平轴(X 轴和 Y 轴)、垂直轴(Z 轴)以及驱动电机构成,主要运用于生产中的上下料、切割以及高精度的装配和检测作业等。针对不同的实际运用,也可以方便快速地组合成不同维数、各种行程和不同带载能力的壁挂式、悬臂式、龙门式或倒挂式等形式的直角坐标型机器人。直角坐标型机器人简单的结构和相互独立的轴上运动,使其扩展能力强、

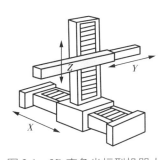

图 2.1　3D 直角坐标型机器人

控制器设计流程简单,且运用面宽、运行速度快、定位精度高、避障性能较好,但同时也限制了其动作范围,灵活性欠佳,空间运用率低。

（2）圆柱坐标型机器人

圆柱坐标型（Cylindrical Coordinate）机器人的结构如图2.2所示,主要由两个移动关节和一个转动关节构成,末端操作器的位姿由圆柱坐标系(X,R,θ)表示。其中,R表示手臂的径向长度——伸缩运动,θ表示手臂的角位置——腰部运动,X则是垂直方向上手臂的位置——升降运动。圆柱坐标型机器人结构较紧凑、刚性好,控制器设计比较简单,末端操作器可以获得较高的运动速度;主要缺点是空间利用率低,末端操作器切向位移的控制精度受旋转半径R的影响大。圆柱坐标型机器人主要用于重物的卸载、搬运等作业。著名的Versatran机器人（图2.3）就是典型的圆柱坐标型机器人。

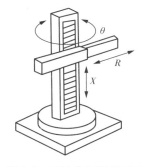

图 2.2　圆柱坐标型机器人　　　　　　图 2.3　Versatran 机器人

（3）极坐标型机器人

极坐标型（Polar Coordinate）机器人又称为球坐标型机器人,其结构如图2.4所示,主要由两个转动关节和一个移动关节构成,末端操作器的位姿由极坐标(β,R,θ)表示,即由旋转、摆动和平移3个自由度确定。其中,β是手臂在铅垂面内的摆动角,θ是绕手臂支撑底座垂直的转动角。极坐标型机器人运动所形成的轨迹表面是半球面,R代表球半径。这类机器人具有结构紧凑的优点,其所占空间体积小于直角坐标型和圆柱坐标型机器人。但是其避障性能欠佳,也存在平衡问题,且设计和控制系统比较复杂。著名的 Unimate 机器人（图2.5）属于极坐标型机器人。

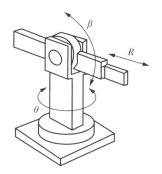

图 2.4　极坐标型机器人　　　　　　图 2.5　Unimate 机器人

（4）多关节型机器人

多关节型（Articulated Coordinate）机器人是以其各相邻运动部件之间的相对角位移作为坐标系的，如图 2.6 所示。α、θ、φ 为其坐标系的 3 个坐标，其中 α 是第二手臂相对于第一手臂的转角，θ 是绕底座垂线的转角，φ 是过底座的水平线与第一手臂之间的夹角。这种机器人手臂可以达到球形体积内绝大部分位置，所能达到区域的形状取决于两个臂的长度比例。多关节型机器人具有结构紧凑、占地面积小、避障性能好等优点，但是也存在平衡问题，控制存在耦合，控制器设计比较困难。典型的多关节型机器人有 PUMA 机器人（图 2.7）和 SCARA 机器人（图 2.8）。

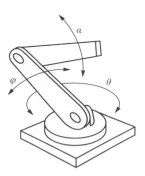

图 2.6　多关节型机器人　　　　图 2.7　PUMA 机器人　　　　图 2.8　SCARA 机器人

2）建筑机器人主要技术参数

建筑机器人的技术参数是各建筑机器人制造商在产品供货时所提供的技术数据。表 2.1 和表 2.2 所示为两种建筑机器人的主要技术参数。尽管各厂商提供的技术参数不完全一样，建筑机器人的结构、用途等有所不同，但建筑机器人的主要技术参数一般应有自由度、重复定位精度、工作范围、最大工作速度和承载能力等。

表 2.1　PUMA 562 机器人的主要技术参数

项　目	技术参数
自由度	6
驱动	直流伺服电机
手爪控制	气动
控制器	系统机
重复定位精度	±0.1 mm
承载能力	4.0 kg
手腕中心最大距离	866 mm
直线最大速度	0.5 m/s
功率要求	1 150 W
质量	182 kg

表 2.2　BR-210 并联机器人的主要技术参数

项　目	技术参数
载重能力	25 kg
轴数	33
重复定位精度	0.5 mm
工作范围	长:1 100 mm;高:400 mm;旋转 180°
最大速度	6 m/s
最大加速度	40 m/s²
电源电压	200~600 V,50/60 Hz
额定功率	3.5 kAV

(1)自由度

自由度(Degrees of Freedom)是指机器人所具有的独立坐标轴运动的数目。机器人的自由度是表示机器人动作灵活的尺度,一般按照轴的直线移动、摆动或旋转动作的数目来表示,手部的动作不包括在内。机器人的自由度越多,就越接近人手的动作机能,通用性就越好;但是自由度越多,结构越复杂,对机器人的整体要求就越高。这是机器人设计中的一个矛盾。

建筑机器人的自由度是根据其用途设计的,可能小于 6 个自由度,也可能大于 6 个自由度。从运动学的观点看,在完成某一特定作业时具有多余自由度的机器人,称为冗余自由度机器人。建筑机器人一般多为 4~6 个自由度,7 个以上的自由度是冗余自由度。利用冗余自由度可以增加机器人的灵活性、躲避障碍物和改善动力性能。人的手臂(大臂、小臂、手腕)共有 7 个自由度,所以工作起来很灵巧,手部可以回避障碍,从不同方向到达同一个目标点。

(2)工作范围

机器人的工作范围(Work Space)是指机器人手臂或手部安装点(不包括末端操作器)所能达到的所有空间区域的集合,也称为工作空间,不包括手部本身所能达到的区域。由于机器人所具有的自由度数目及其组合不同,其工作范围的形状和大小也不尽相同,机器人在执行作业时可能会因为存在手部不能到达的作业死区(Dead Zone)而不能完成任务。

(3)速度

速度(Speed)是指机器人在工作载荷条件下、匀速运动过程中,机械接口中心或工具中心点在单位时间内所移动的距离或转动的角度。确定机器人手臂的最大行程后,根据循环时间安排每个动作的时间,并确定各动作同时进行或顺序进行,就可以确定各动作的运动速度。分配动作时间除考虑工艺动作要求外,还要考虑惯性和行程大小、驱动和控制方式、定位和精度要求。

为提高生产效率,要求缩短整个运动循环时间。运动循环包括加速度启动、等速运行和减速制动 3 个过程。过大的加减速会导致惯性力加大,影响动作的平稳和精度。为保证定位精度,加减速过程往往占去较长时间。

（4）承载能力

承载能力（Payload）是指机器人在工作范围内的任何位姿上所能承受的最大质量。承载能力不仅决定于负载的质量,还与机器人运行的速度和加速度的大小和方向有关。为安全起见,承载能力是指高速运行时的承载能力。通常,承载能力不仅指负载,还包括机器人末端操作器的质量。

机器人有效负载的大小除受到驱动器功率的限制外,还受到杆件材料极限应力的限制,因而它又和环境条件（如地心引力）、运动参数（如运动速度、加速度以及它们的方向）有关。

（5）精度

机器人精度（Accuracy）包括定位精度和重复定位精度。定位精度是指机器人手部实际到达位置与目标位置之间的差异。重复定位精度是指机器人重复定位其手部于同一目标位置的能力,可以用标准偏差这个统计量来表示。它是衡量一列误差值的密集度（即重复度）。

（6）分辨率

分辨率（Resolution Ratio）指机器人每根轴能够实现的最小移动距离或最小转动角度。精度和分辨率不一定相关。一台设备的运动精度是指所设定的运动位置与该设备执行此命令后能够达到的运动位置之间的差距,分辨率则反映了实际需要的运动位置和命令所能够设定的位置之间的差距。

2.建筑机器人数学模型

机器人的动态性能不仅与运动学相对位置有关,还与机器人的结构形式、质量分布、执行机构的位置、传动装置等因素有关。机器人动态性能由动力学方程描述,动力学是考虑上述因素,研究机器人运动与关节力（力矩）间的动态关系。描述这种动态关系的微分方程称为机器人动力学方程。机器人动力学要解决两类问题:动力学正问题和动力学逆问题。

①动力学正问题:根据关节驱动力矩或力,计算机器人的运动（关节位移、速度和加速度）。

②动力学逆问题:已知轨迹对应的关节位移、速度和加速度,求出所需要的关节力矩或力。

不考虑机电控制装置的惯性、摩擦、间隙、饱和等因素时,n 自由度机器人动力方程为 n 个二阶耦合非线性微分方程。方程中包括惯性力/力矩、哥氏力/力矩、离心力/力矩及重力/力矩,是一个耦合的非线性多输入多输出系统。对机器人动力学的研究,所采用的方法很多,有拉格朗日（Lagrange）、牛顿-欧拉（Newton-Euler）、高斯（Gauss）、凯恩（Kane）、旋量对偶数、罗伯逊-魏登堡（Roberson-Wittenburg）等方法。

动力学逆问题是为实时控制的需要,利用动力学模型实现最优控制,以期达到良好的动态性能和最优指标。在设计中,需根据连杆质量、运动学和动力学参数、传动机构特征和负载大小进行动态仿真,从而确定机器人的结构参数和传动方案,验算设计方案的合理性和可行性以及结构优化程度。

在离线编程时,为估计机器人高速运动引起的动载荷和路径偏差,要进行路径控制仿真和动态模型仿真。这些都需要以机器人动力学模型为基础,机器人静力学研究机器人静止或者缓慢运动时作用在手臂上的力和力矩问题,特别是当手端与外界环境有接触力时各关节力矩与接触力的关系。

本任务主要介绍动力学正问题,动力学正问题与机器人的仿真有关。机器人动力学正问题研究机器人手臂在关节力矩作用下的动态响应,其主要内容是如何建立机器人手臂的动力学方程。建立机器人动力学方程的方法有牛顿-欧拉法和拉格朗日法等。

(1)牛顿-欧拉方程

牛顿-欧拉方程的动力学算法是以牛顿方程和欧拉方程为出发点,结合机器人速度和加速度分析而得到的一种动力学算法。建立牛顿-欧拉运动方程一般涉及两个递推过程:正向递推和反向递推。正向递推,即已知机器人各个关节的速度和加速度,由机器人基座开始向手部杆件逐个递推出机器人每个杆件在自身坐标系的速度和加速度,从而进一步得到每个杆件质心上的速度和加速度,最后再用牛顿-欧拉方程得到机器人每个杆件质心上的惯性力和惯性力矩;反向递推,即根据正向递推的结果,由机器人末端关节开始向第一个关节反向推导出各关节所承受的力和力矩,最终得到机器人每个关节所需要的驱动力和力矩。

建立机器人牛顿-欧拉动力学数学模型的主要方法可以总结如下:

①确定每个杆件质心的位置和表征其质量分布惯性张量矩阵;

②建立直角坐标系,根据机器人各连杆的速度、角速度以及转动惯量,正向递推出每个杆件在自身坐标系中的速度和加速度;

③利用牛顿-欧拉方程得到机器人每个杆件上的惯性力和惯性力矩;

④反向推导出机器人各关节承受的力和力矩,最终得到机器人每个关节所需要的驱动力,从而确定机器人关节的驱动力和关节位移、速度和加速度的函数关系。

机器人牛顿-欧拉动力学模型可以用矩阵形式表示为:

$$F = D(q)\ddot{q} + H(q,\dot{q}) + G(q) \tag{2.1}$$

其中,$D(q)\ddot{q}$是机器人动力学模型中的惯性力项;$D(q)$表示机器人操作机的质量矩阵,为对称正定矩阵;$H(q,\dot{q})$表示机器人动力学模型中非线性的耦合力项,包括离心力(自耦力)和哥式力(互耦力);$G(q)$表示机器人动力学模型中的重力项。

(2)拉格朗日方程

在研究机器人动力学问题的过程中,拉格朗日方程是出现最早、应用较普遍的一种算法。拉格朗日方程是分析动力学中的重要方程。它是利用广义坐标以功和能来表达的,不做功的力和约束力将自动消除,可直接导出动力学完整形式的方程式,因此方程推导简单,系统性强。

牛顿-欧拉运动学方程是基于牛顿第二定律和欧拉方程,利用达朗伯原理,将动力学问题变成静力学问题求解,该方法计算速度快。拉格朗日动力学方程是基于系统能量的概念,以简单的形式求得非常复杂的系统动力学方程,并具有显式结构,物理意义比较明确。所以,拉格朗日动力学方程相对于牛顿-欧拉运动学方程更适合于分析相互约束下的多个连杆运动。

【任务总结】

本任务介绍了建筑机器人的机械结构、主要技术参数和建筑机器人数学模型的牛顿-欧拉方程和拉格朗日方程的两种算法。了解了建筑机器人的不同结构形式,包括直角坐标型、圆柱坐标型、极坐标型和多关节型机器人;每种类型的机器人都有不同的运动形式和特点,适用于不同的工作任务。作为技术人员,对建筑机器人进行数学建模时,应能正确选取牛顿-欧拉方程和拉格朗日方程。

【任务习题】

1.建筑机器人的主要参数有哪些?
2.试阐述建筑机器人机械结构基本形式及每种形式的特点。

任务 2.4　机器人智能控制系统

机器人智能控制系统是控制智能机器人运动和行为的核心组件。它负责接收和处理各种输入信息(如传感器数据、机器人的位置和姿态等),并计算出相应的输出(如电机控制信号、电磁铁的通断电等),以驱动机器人完成各种预设动作和任务。

【任务信息】

机器人智能控制系统通常由软件和硬件两部分组成。软件部分包括操作系统、编程语言、算法和通信协议等,用于实现机器人的自主决策、远程控制和任务规划等功能。硬件部分包括处理器、传感器、伺服电机、驱动器和通信模块等,用于实现机器人的运动控制和执行。根据应用场景和功能需求的不同,机器人智能控制系统可以分为以下 4 种类型:

①自主控制系统:用于实现机器人的自主导航和避障功能,通过传感器获取环境信息,并根据预设算法自主规划路径和决策行为。

②运动控制系统:用于控制机器人的运动速度、加速度和姿态等,通常应用于生产线上的工业机器人和手术室中的手术机器人。

③远程控制系统:用于实现人类对机器人的远程操作和控制,通常应用于救援、军事和宇航等领域。

④任务规划系统:用于规划机器人在完成任务过程中的行动路径和操作顺序,通常应用于清洁、搬运和检测等任务。

总之,机器人智能控制系统是实现机器人智能化和自主化的关键技术之一,需要根据应用场景和功能需求进行设计和优化。

【任务分析】

人的动作是靠大脑控制的,机器人的控制器就是指挥机器人各部件执行正确的指令。

控制器可简单地理解为各种开关的组合,控制着机器人各系统的动作,从而实现机器人的预定工作任务。

大脑发出的指令需要由手、脚、口等器官去完成;传统的施工机械也需要有作用装置去完成工作,如挖掘机的抓斗、吊车的吊臂;机器人的控制器发出的指令也需要对应的执行部位去完成具体的动作,如切割、提升等。因此,需要根据机器人的不同用途,配置相应的执行器,从而完成该机器人的设计功能。

建筑机器人与传统的建筑机械最本质的区别在于传统建筑机械只能执行动作,没有感知和应对感知的能力。建筑机器人在传统建筑机械的基础上进行信息化改造,加入了信息感知模块,将环境信息和机器人本身的信号信息进行收集,才能更好地完成"人"的工作。

【任务实施】

1.控制器

用于计算并控制所需的信号的组件称为控制器。控制器处理所接收到的信号,依据预设程序针对不同的信号发出不同的指令,控制执行器的动作。

机器人工具端及其配套设备的控制器依据其功能的不同,可简单也可复杂。简单的处理器可以是几个继电器组成的开关装置,有些更简单的工具端甚至可以忽略掉控制器。在遇到更复杂的逻辑控制时,可以用继电器的组合生成基本运算电路,从而通过它们的组合生产更复杂的控制逻辑。但从本质上来说,这种控制方式最终都以一种高-低电平的开关方式进行输出,开关控制是最简单的反馈控制形式。

比例-积分-微分控制器(PID)可以用来控制任何可被测量及可被控制的变量。例如,它可以用来控制温度、压强、流量、化学成分、速度等。一个常见的例子是建筑机器人马达的控制,控制系统需要马达具有一个可以受控的速度变量,停在一个确定的位置。

复杂逻辑的开关控制、PID控制等方法对控制器的运算性能有着较高的要求。随着计算机辅助计算以及嵌入式控制设备的发展,以往使用电子管进行运算的传统控制方法被基于数字与电信号的方法逐渐替代。作为计算设备,计算机允许更加复杂的模型以及复杂的控制方法。同样作为嵌入式设备,数字设备也允许更加复杂的控制规律。

2.执行器

执行器是可以用来改变过程的被控变量的装置,气动夹具、电动机、缝纫机等都可以作为机器人的执行器。常见的建筑机器人工具端执行器包括抓手、钻头、锯、铣刀、焊枪、真空及非真空吸盘、打磨器、喷枪等。机器人本体作为执行机构,能够完成对加工工具进行精确定位,而工具端的不同给予了它们不同的功能。也就是说,同一个建筑机器人,只要更换它的工具端,就可以实现各种不同的功能。这就是机器人的开放性所在。这种开放性对于设计师的意义在于它给建造方式带来了无穷无尽的可能性。设计师可以依据自己的需求定制不同的加工方式和工具端,从而完全超出传统建造方式的局限展开设计工作。

建筑学领域的机器人建造研究常常通过改装与定制机器人工具端的执行器开展,执行器使用电驱、气驱、磁驱等方式提供动力,受上级控制器信号控制,协同机械臂动作进行工作,从而使机械臂能够实现许多数字建造功能,并代替传统的加工机器。由于机器人精确定位及工具端执行器的数控操作,这些建筑作品能够实现非线性与精准建造,从而为热工、结构、风、声音等性能化因素的植入提供条件。

3.传感器

能感受被测量的信息,并能将感受到的信息按一定规律变换成为电信号或其他所需形式的信息输出的检测装置,称为传感器。传感器通常由敏感元件和转换元件组成。传感器也可以被解释为从一个系统接受功率,通常以另一种形式将功率送到第二个系统的器件中的装置。所以,从某种意义上来说,它是一种换能器。故在一个控制系统中,某一执行器分系统虽然主要负责执行动作,通常也需要传感器来转换信号的功率形式。

对于建筑机器人工具端而言,传感器可以分为两类:一类是感应机器人发出的信号;另一类是感应环境中的信号。前者主要是指当工具端需要与机器人的动作产生配合时,工具端需要接收从机器人发出的指令。感应环境中信号的传感器感知环境并对其做出反应。

【任务总结】

控制器是用于计算并控制所需信号的组件,可用于控制设备的温度、压强、流量、化学成分、速度等;执行器是可以用来改变过程的被控变量的装置。常见的建筑机器人工具端执行器包括抓手、钻头、锯、铣刀、焊枪、真空及非真空吸盘、打磨器、喷枪等。传感器是能感受被测量的信息,并能将感受到的信息按一定规律变换成为电信号或其他所需形式的信息输出的检测装置。建筑机器人的传感器包括感应机器人发出的信号和感应环境中的信号两种。

【任务习题】

1.机器人的控制系统由哪几个部分组成? 每一部分的概念是什么?
2.简述传感器在机器人中的用途。

任务 2.5　机器人控制与协同技术

协同控制是应用最为广泛的一种控制方式。随着产业的升级在各行各业飞速发展,同时也随着技术的不断升级深度融合人工智能技术,协同控制迎来了智能协同控制的时代。无论是机器人协作、无人机编队、建筑施工等还是自动驾驶车辆、智能物流等场景,智能协同控制技术都发挥了重要的作用。

【任务信息】

"协同控制系统"被定义为多个动态实体,它们共享信息或任务,以实现一个共同的(可能不止一个)目标。常见的协同控制系统包括机器人系统、无人机编队、网络通信、交通系统等。协同的关键是沟通,通常表现为主动传递信息和被动观察,而协同的决策过程(控制)通常被认为是分布式或分散的。协同控制是指通过合作和协调的方式,对多个独立的智能体或系统进行控制,以实现整体性能优化。在协同控制中,各个智能体或系统通过相互交流信息、共享知识和协同动作,以最佳的方式共同解决问题。

协同控制算法是一种多个动态实体或多个子系统进行协同工作的控制策略。它旨在实现系统各个动态实体或子系统之间的合作与协同,从而达到整体性能的优化或实现特定目标。术语"实体"通常与能够进行物理运动的交通工具(如机器人、汽车、船舶、飞机等)联系在一起,但是其定义实际上可以扩展表现出时间依赖行为的任何实体概念。在协同控制算法中,各个动态实体或子系统之间通过信息交互、协调和合作来共同完成任务,实现它们之间的协同决策和行动,从而有效地解决多个动态实体或子系统之间的冲突、资源分配、路径规划、任务分配等问题,提高整体系统的效率、鲁棒性和适应性。

【任务分析】

在工程实践中,机器人是通过预先写入的程序代码执行具体的动作。正确的程序路径是机器人正常运行的基本条件,就像人的行为规则一样。程序的编制包括示教编程技术和离线编程技术。两种编程技术的区别在于确定程序轨迹是以实物还是模拟建模为依据。

人工智能技术发展到今天,机器人的自我学习能力正在逐渐增强。基于智能传感技术的不断进步,机器人自主得到的信息更多,通过一定的算法可以实现自主编程,同时通过仿真模拟实现增强现实技术,极大地提高了建筑机器人的应用。

众所周知,大脑是人的神经中枢,人的行为是靠大脑控制的;建筑机器人的行为动作是靠控制系统这个人工"脑"来控制的。控制系统通过感应系统传回的信息,经过各种算法处理后,指挥驱动系统,从而控制功能端的运动,实现实时多场景下的适应性运动行为。

人能完成各种精细动作,能够根据所处环境的不同实时进行调整和应对。大脑这个指挥中枢起着关键作用,因此人体大脑的结构非常复杂。建筑机器人要代替人类完成预定的任务,除了需要根据程序预设路径完成轨迹运动,还需要应对更多传感器捕捉到的细微偏差和环境状况,做出实时且精准的相应调整。因此,建筑机器人的控制系统并不简单,控制系统根据不同结构设置控制层次、组成部分以及不同的分类。

人与人之间的团结协作能够达到优势互补的效果。在机器人的开发应用中,也能通过多机器人协同技术实现更柔性、更协同、更多元的任务。多机器人协同技术建立在独立机器人技术之上,又通过算法和控制系统的整合,实现多机联动。这样的联动不仅是单纯的动作复制,更重要的是多机交互,实现实时同步多机协作,从而实现时间、空间、任务的协同并行,可以帮助人们处理复杂、危险甚至人类无法实现的作业。

在多机器人的控制结构中,有集中式控制系统结构与分布式控制系统结构。集中式控制系统结构犹如中央集权,由中央处理器处理所有的信息,并进行任务分配。因此,中央处理器负担了巨大的算量,同时由于整个系统都捆绑在一起,牵一发而动全身,应变调整能力受限。分布式控制系统建立在局域网基础之上,各子系统通过局部耦合,分布处理各自的信息和任务,将原本巨大的计算数据化整为零,不但简化了控制系统,同时将控制系统分解成独立单元,实现更自由更灵活的任务信息匹配处理。

【任务实施】

1.机器人编程技术

(1)示教编程技术

示教编程技术通常由操作人员通过示教器控制机器人工具端达到指定的姿态和位置,记录机器人位姿数据并编写机器人运行指令,完成机器人在正常运行中的路径规划。

示教编程技术属于在线编程,具有操作简单、直观的优势。示教编程一般可以采用现场编程式和遥感式两种类型。以建筑机器人应用广泛的焊接领域为例。点焊时,首先由操作人员操作示教器控制机器人到达各个焊点,记录各个点焊轨迹,编写成机器人程序;在焊接过程中,通过运行程序再现示教的焊接轨迹,从而实现各个焊点位置的焊接。

(2)离线编程技术

机器人离线编程技术借助计算机离线编程软件,对加工对象进行三维建模,模拟现实工作环境,在虚拟环境中设计与模拟机器人运动轨迹,并根据机器诊断情况调整轨迹,自动生成机器人程序。

商业化的离线编程工具一般都具备以下基本功能:几何建模功能、基本模型库、运动学建模功能、工作单元布局功能、路径规划功能、自动编程功能、多机协调编程与仿真功能。当前,国内外主流的机器人离线编程商业软件主要有器人大师、RobCAD、机器人工坊、Delmia、RobotArt 等。

(3)自主编程技术

机器人自主编程技术是指由计算机主动控制机器人运动路径的编程技术。随着机器视觉技术的发展,各种跟踪测量传感技术日益成熟,为以工件测量信息为反馈的编程方法打下了基础。根据采用的机器视觉方式的不同,目前自主编程技术可以划分为 3 种:基于结构光的自主编程、基于双目视觉的自主编程以及基于多传感器信息融合的自主编程。

(4)增强现实技术

增强现实技术的出现为机器人编程提供了新的可能性。增强现实技术源于虚拟现实技术,能够实时地计算相机影像的位置及角度,并与相应的预设图像进行叠加。增强现实编程由虚拟机器人仿真和真实机器人验证等环节构成。可以利用虚拟的机器人模型对现实对象进行加工模拟,控制虚拟的机器人针对现实对象沿着一定的轨迹运动,进而生成机器人程序,测试无误后再采用现实机器人进行建造。

2.建筑机器人控制系统

(1)建筑机器人控制系统的基本原理

为使建筑机器人能够按照要求去完成特定的作业任务,需要执行以下 4 个过程:

①示教过程。通过计算机可以接受的方式,告诉建筑机器人去做什么,给建筑机器人作业命令。

②计算与控制。负责整个机器人系统的管理、信息获取及处理、控制策略的制订、作业

轨迹的规划等任务,这是计算机控制系统的核心部分。

③伺服驱动。根据不同的控制算法,将机器人控制策略转化为驱动信号,驱动伺服电机等驱动部分,实现机器人的高速、高精度运动,去完成指定作业。

④传感与检测。通过传感器的反馈,保证机器人正确地完成指定作业,同时也将各种姿态信息反馈到机器人控制系统中,以便实时监控整个系统的运动情况。

（2）建筑机器人控制系统的特点

建筑机器人控制系统是以机器人的单轴或多轴运动协调为目的的控制系统。其控制结构要比一般自动机械的控制复杂得多。与一般伺服系统或过程控制系统相比,建筑机器人控制系统有如下特点:

①传统的自动机械是以自身的动作为重点,而建筑机器人的控制系统更着重于本体与操作对象的相互关系。

②建筑机器人的控制与机构运动学及动力学密切相关。

③即使一个简单的建筑机器人,至少也有 $4\sim5$ 个自由度。

④描述机器人状态和运动的数学模型是一个非线性模型。

（3）控制系统的组成

建筑机器人的控制系统一般分为上、下两个控制层次:上级为组织级,其任务是将期望的任务转化成运动轨迹或适当的操作,并随时检测机器人各部分的运动及工作情况;下级为实时控制级,它根据机器人动力学特性及机器人当前运动情况,综合出适当的控制命令,驱动机器人机构完成指定的运动和操作。

建筑机器人控制系统主要包括硬件和软件两部分。硬件主要有传感装置、控制装置和关节伺服驱动部分。软件主要指控制软件,包括运动轨迹规划算法和关节伺服控制算法等动作程序。

（4）控制系统的分类

建筑机器人控制系统的分类没有统一的标准。按照运动坐标控制的方式,可以分为关节空间运动控制和直角坐标空间运动控制;按照控制系统对工作环境变化的适应度,可以分为程序控制系统、适应性控制系统和人工智能控制系统;按照同时控制机器人的数目,可以分为单控制系统和群控制系统。

3. 多机器人协同技术

（1）多机器人协同技术应用

随着机器人技术的发展及生产实践的需求,人们对机器人的需求不再限于单个机器人。多机器人系统的研究已经成为机器人学研究的一个重要方面。因为多机器人系统具有许多单机器人系统所没有的优点,如空间上的分布性、功能上的分布性、并行化执行任务、较强的容错能力以及更低的经济成本等。对于一些动态性强并且十分复杂的任务,单个机器人的开发比多个机器人系统更为复杂且昂贵,特别是对于有些工作,单个机器人无法完成。随着机器人生产线的出现及柔性加工工厂的需要,多机器人系统进行自主作业变得更为实用和经济。目前,多机器人系统已被广泛应用于人类现代生活的各个方面。

①危险环境:多机器人能够在人类无法工作的地方代替人类完成复杂的工作,如火山附近、丛林野外、深水海底等高危环境下作业。

②航天领域:探测机器人可进行行星探险,寻找新型资源,搬运稀有矿物,分析宇宙变化等。

③民用及娱乐:清洁机器人可以清理地面,现已广泛进入民用;机器人足球用来观赏[图2.9(a)];机器人玩具如 R2-D2 可用于娱乐。

④协助军事行动:由大量的机器人组成一定队形执行巡逻、侦察、排雷、追踪等任务,可以大大缩减士兵的人力资源及人员伤亡,如图2.9(b)所示。

⑤灾后救援:在地震、火灾之后,多机器人可以寻找幸存者,并且能够更快速、更准确地进入被困区域。

⑥工农业生产:使用多机器人提高工业产品的质量,减少重复的农业体力劳动。在工农业发展中,高效、稳定的机器人将发挥越来越大的作用,如在电力生产中开始推广使用电力巡检机器人,如图2.9(c)所示。

⑦医学领域:微型机器人进入血管、肠道等人体器官检查疾病等。

(a)足球机器人比赛 　　　　　　　(b)军用作战机器人

(c)电力巡检机器人

图2.9　多机器人协同的应用场景

（2）多机器人协同控制结构

针对多机器人系统,传统的集中式控制结构如图2.10所示。从图2.10可以看出,传统的集中式控制(Centralized Control)需要有一个中心控制器(中央调控器)负责接收每一个传感器传递过来的信息,并将执行信息传达给每一个执行器,即整个控制系统的每个子系统都需要知道系统的整体信息。这将使得计算量大幅度增加,导致系统发生故障的概率变大,并且一旦集中式控制器出现故障,将会引起整个系统发生瘫痪。因此,很难满足多个复杂机器人系统实现协调、稳定、高效运行的要求,促使人们寻求新的方法和方案对多机器人系统进行控制。

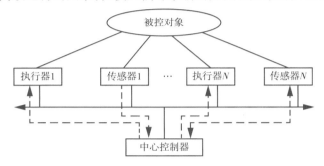

图2.10　传统的集中式控制系统结构图

多机器人分布式协同控制是相较于集中式控制的一种新型控制方法,即将多智能体系统分布式控制理论应用于多机器人系统。所谓多机器人分布式协同控制,是指多个机器人通过局部信息通信来相互协作,根据目标要求改变自身状态,从而完成整体复杂任务。网络化多机器人系统是由多个机器人组成的系统,其中多个机器人之间存在局部网络通信。网络化多机器人系统分布式协同控制结构如图2.11所示。

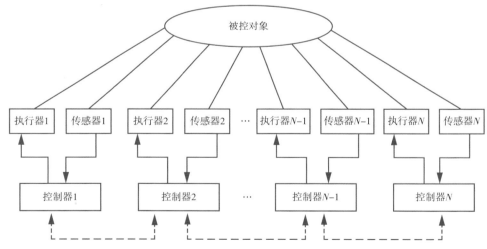

图2.11　分布式协同控制系统结构图

网络化多机器人系统的一个最大优势就是通过各个机器人之间的相互协作,能将整个复杂多机器人由大变小,由复杂变简单,从而完成单个机器人无法胜任的任务,实现相对复杂的目标,使得多机器人系统的优势得到充分发挥。除此之外,多机器人系统还具有如下显著优点:

①有效降低成本。多机器人系统可以用于取代传统的人工操作系统,可以有效降低生产成本,且安全性也大幅度提高。

②提高容错能力。多机器人系统中某一个机器人出现故障,不会影响整个系统的运行。

③增强灵活性。多机器人系统可以通过改变多个机器人之间的局部网络通信结构,完成不同的任务,相较于单个机器人具有更高的灵活性。

【任务总结】

通过本任务的学习,我们了解了机器人编程技术及其应用,通过示教编程、离线编程,以及机器人自主编程和增强现实技术在机器人动作执行中的运用,提高了机器人的自主性和智能化水平。同时,通过控制系统让建筑机器人实现精确、高效运动和操作任务。了解和掌握了建筑机器人控制系统的原理、特点、层次结构和组成部分,以及不同的分类方式,对设计、优化和应用建筑机器人,提高机器人的性能和适应性非常重要。多机器人协同技术的应用具有空间上的分布性、功能上的分布性、并行化执行任务以及较强的容错能力等优势。同时,不同于传统的集中式控制方法,多机器人系统分布式协同控制方法旨在通过局部耦合协调合作来达到整体共同目标,具有所用信息量小、协作性好、灵活性高、可扩展性强等诸多优点,是多机器人控制机构的理想选择。

【任务习题】

1.简述示教编程技术和离线编程技术的概念及特征。

2.简述建筑机器人控制系统作业任务及特点。

3.多机器人系统具有哪些优点?

任务 2.6　机器人定位与移动技术

为适应更复杂、更多变的动态作业环境,机器人始终朝着更高柔性、更高精度和更强适应性的方向发展,其定位技术和移动技术不断更迭。另一方面,移动机器人的形态越来越丰富,其对调度的要求也越来越高。此外,随着移动机器人在各行各业的应用,其部署效率和质量日渐成为业界关心的焦点。移动机器人仿真技术正围绕灵活性和真实性不断精进。

【任务信息】

移动机器人通过自身和外部传感器获得自身状态信息和外部环境信息,通过路径规划算法,计算出一条从起始点到目标点的时间、能量最优或满足其他需求的最优路径,利用跟踪算法引导移动机器人按照最优路径准确地移动到目标点。

能否准确获取机器人定位信息直接影响环境信息监测的准确度,进而影响路径规划的有效性、轨迹跟踪的准确性,决定了机器人能否准确到达预定目标点以及进行后续作业。因此,定位方法是移动机器人导航任务及其他后续工作的基础。

【任务分析】

机器人执行预定的动作首先需要确定位置,才能准确地利用坐标系结合算法驱动执行器完成作业。该过程不仅需要确定机器人在空间中的绝对位置,也需要确定机器人动作对于环境的相对位置,以便实时进行动作的调整和执行;同时,机器人执行作业需要一定的空间,能够作业的空间范围决定了机器人的应用场景。机器人的移动能够极大地扩大其作业范围,通过轨道、履带、轮胎等传统移动方式能够让机器人扩大作业半径和使用范围。仿生的步行式移动方式能够更好地转向避障,为机器人的移动提供了新的发展方向。

【任务实施】

1.机器人定位技术

(1)机器人定位技术原理

机器人依靠定位和环境感知系统完成定位功能。移动机器人的定位与环境感知系统由内部位置传感器和外部传感器共同组成。其中,内部位置传感器主要针对机器人自身状态和位置进行检测,可以包括多种传感器类型。例如,可以利用里程计(即角轴编码器)测量机器人车轮的相对位移增量,还可以利用陀螺仪测量机器人航向角的相对角度增量,利用倾角传感器测量机器人的俯仰角与横滚角的相对角增量等。外部传感器主要用于构建环境地图,可以采用激光、雷达、摄像头等测量环境中的物体分布,完成环境建图。

移动机器人的定位需要借助并发定位与环境建图(SLAM)。在未知环境中,移动机器人本身位置不确定,需要借助所装载的传感器不断探测环境来获取有效信息,据此构建移动机器人的定位与环境建图是密切关联的。机器人定位需要以环境建图为基础,环境建图的准确性又依赖于机器人的定位精度,这种方法实质上就是 SLAM。SLAM 得到了广泛关注,成为移动机器人领域的一个研究热点。

(2)建筑机器人定位技术应用

建筑机器人建造需要根据环境条件的不同采用适宜的定位技术。在工厂环境中,建造环境相对稳定,机器人定位以绝对定位为主,相对定位为辅;在现场复杂的环境条件下,则以相对定位为主,绝对定位为辅。

瑞士国家数字建造研究中心研发的桁架机器人移动范围可达到 43 m×16 m×8 m。桁架系统甚至整栋建筑的弹性变形和振荡都会降低机器人末端定位精度。为提高精度,研究人员对机器人末端进行了闭环定位控制。现场建造中,机器人的定位方法更加复杂。苏黎世联邦理工学院研发的机器人在 DFAB House(Digital Fabrication House,数字化建筑楼宇)现场展开的金属网络模板建造实践综合展现了当前建筑机器人现场定位技术的发展水平。传感系统能够参考建筑工地的 CAD 模型估计机器人姿态,以及在施工过程中对建筑结构的准确性进行反馈。对结构准确定位的反馈用于调整建造方案,以补偿在建造过程中出现的系统不准确性和材料变形。

2.机器人移动技术

（1）轨道式移动技术

在工厂生产中,当加工工件尺寸超过单一机器人的作业范围时,往往需要多台机器人协作完成任务。这不仅会增加使用成本,有时还会降低效率。这种问题在建筑预制工厂更为突出。机器人轨道式移动技术主要依赖机器人行走轴带动机器人在特定路线上进行移动,扩大机器人的作业半径,扩展机器人的使用范围。采用机器人外部轴,可以利用一台机器人管理多个工位,降低成本,有效提高效率。

行走轨道系统主要由轨道基座、机器人移动平台、控制系统和安全、防护、润滑装置组成。其中,轨道主要作为支撑结构和机器人运动的引导轴,轨道长度和有效行程根据实际需要进行定制;机器人移动平台负责带动机器人沿着轨道移动,一般由伺服电机控制,通过精密减速机、重载滚轮齿条进行传动;机器人在轨道上的运动一般由机器人直接控制,不需要额外的轨道控制系统。在控制系统中,同时需要内置外部轴的软件限位等安全控制手段,以保证机器人轨道与机器人的协同控制,如图 2.12 所示。

（a）吊轨式巡查机器人　　　　　　　　（b）轨道移动机器手臂

图 2.12　轨道式移动机器人

（2）平台式移动技术

轨道移动技术中,机器人需要由轨道引导,决定了机器人只能沿着固定轨迹移动。同时,轨道的铺设需要良好的基础条件,无法适应崎岖路面及高约束条件空间。因此,轨道式移动技术比较适应于预制工厂、实验室等结构环境。施工现场复杂,施工任务则需要无固定轨迹限制的机器人移动技术来完成。相对而言,平台式移动技术具备良好的越障功能,可以完成各类复杂环境下的建造任务。

移动机器人的行走结构形式主要有轮式移动结构[（图 2.13（a）]、履带式移动结构[图 2.13（b）]和步行式移动结构[图 2.13（c）]。针对不同的环境条件,选择适当的行走结构能够有效提高机器人效率和精度。轮式移动技术的越障能力有限,较适用于结构环境条件下,如铺好的道路上。步行机器人尽管也能够在非结构环境中行走,但是由于其负载有限,常被用于探险勘测或军事侦察等特殊环境,以及娱乐、服务领域,在建筑工程中并不常见。轮式机器人在建筑领域较为常见。工程实践中,轮式移动装置主要是四轮结构。四轮移动装置与汽车类似,可以在平整路面上快速移动,其稳定性较两轮和三轮结构有显著优势。

（a）轮式移动结构

（b）履带式移动结构

（c）步行式移动结构

图 2.13　移动机器人的行走结构

【任务总结】

本任务介绍了移动机器人定位、移动技术的原理和方法。移动机器人的定位依靠内部位置传感器和外部传感器的组合，内部传感器用于检测机器人自身状态和位置，外部传感器用于构建环境地图。移动机器人的定位常使用并发定位与环境建图（SLAM）方法，通过不断探测环境并构建地图来实现机器人的定位和环境感知。提出了解决工厂生产中加工工件尺寸超过单一机器人作业范围的问题的方法，通过设计行走轨道系统来实现多台机器人的协作；在此基础上，了解了平台式移动技术的原理，并分析移动机器人的行走结构形式。轨道式移动技术适用于结构环境，平台式移动技术适用于复杂施工任务。行走结构形式包括轮式、履带式和步行式。根据环境条件，选择适当的结构能提高机器人效率和精度。

【任务习题】

1.简述机器人定位技术的原理。
2.试分析轨道式移动技术在建筑机器人中应用的优缺点。

模块 3　智能施工机械

育人主题	建议学时	素质目标	知识目标	能力目标
智能施工机械作为建筑业数字化转型的重要发展方向,将推动建筑业向工业化、绿色化和智能化发展	8	通过讲述我国施工机械发展现状和当前智能施工机械的应用,培养学生勇于创新、敢于实践的精神	了解智能施工设备发展的最新技术与现状,掌握智能设备技术的基本知识	初步具备根据施工条件选择施工机械的能力

任务 3.1　智能施工设备发展趋势与展望

　　工程机械行业是机械工业的重要组成部分,是先进制造业的代表行业之一,属于技术密集、资本密集型的行业,为国民经济各领域、各部门基础设施建设提供机械装备。工程机械行业具有产品品种多、生产批量小、产品复杂、生产周期长、工艺复杂、组织生产难度大的特点,在生产制造环节存在制品储备高、流动资金占用大、不能及时交货等问题。因此,智能制造帮助企业解决现实问题成为今后发展的主要趋势和发展方向。另外,工程机械施工使用的智能化产品也是现在和未来企业发展的重要方向。

【任务信息】

　　工程机械智能化是指通过应用人工智能技术,使工程机械具有自主感知、分析、决策和执行的能力,从而更好地适应复杂多变的施工环境,提高施工效率和质量。随着计算机技术、传感器技术和控制技术的发展,工程机械智能化经历了从初级到高级的发展过程。最初,人们通过在工程机械上加装传感器和控制器来实现简单的自动化控制,如自动平衡、自动定位等。随着技术的不断进步,工程机械智能化逐渐向更高层次发展,出现了智能挖掘机、智能压路机等高级智能机械。

【任务分析】

随着现代网络技术和数字化技术的发展,机械自动控制技术逐渐被开发出来并且在机械生产领域中得到了广泛的应用。实践证明,使用自动控制化操作能够提升工作效率,对社会生产力提升具有促进作用。对国家的发展来说,工程机械的智能化控制已经成为一个国家工业发展的重要技术。智能化的程度,在特定条件下也可以代表国家的国际竞争力。

国内对工程机械智能化的研究相对较晚,但在国内众多技术人员和学者的努力下,已经取得了辉煌的成就,降低了国内自控技术与国外的差距。在工程设备的智能化控制研究中,以智能技术管理、台账集群控制等方面为核心内容,通过研究和分析提升了国内工程设备智能化控制水平,计算机技术在智能化技术中具有重要的地位。在今后的研究中,智能化研究领域还应当对提升工程机械的智能化进行更加深入的技术攻关,争取在智能化控制方面取得更高的成就。

在第四次技术革命和第三次能源革命浪潮中,应对工程机械进行智能化改造升级,采用先进的无人驾驶算法、高精度的定位技术、多模态组合感知设备和稳定的控制系统,实现工程建设施工中的无人化,借助科技手段代替人工致力于打造成套机械无人化产品和智能化施工体系。

【任务实施】

1.我国工程设备控制智能化的发展现状

《工程机械行业"十四五"发展规划》明确提出,未来要升级绿色产品概念,全面推进绿色发展,实现工程机械装备制造环节的绿色制造和使用过程中的绿色施工,引导工程机械企业积极把握 5G、人工智能、大数据、物联网等新一代信息技术带来的融合机遇,把握我国新型基础设施建设带来的发展机遇。我国工程机械领域通过科技创新引领行业高质量发展,取得了诸多新成绩。其中,产业基础能力和产业链现代化水平进一步提升,挖掘机、装载机、起重机、盾构机、桩工机械、混凝土机械等多类整机产品先进性、适应性、可靠性和耐久性继续提高,一些关键零部件通过技术升级逐步实现自主可控和更广泛的实际应用。

2020 年,我国工程机械出口首超德国,跃居"出口冠军"。2021 年,我国工程机械出口额同比增长 62.78%,创下新纪录。2022 年 6 月,2022 年全球前 50 强工程机械制造商榜单显示,全球工程机械制造商 50 强企业总销售额达到 2 328.39 亿美元。2022 年,全球工程机械制造商 50 强排名前 10 的企业中,我国占据三席,分别是徐工集团、三一重工、中联重科。我国在工程机械行业市场销售收入占比超越美国,达到 24.2%,领跑全球工程机械行业,在世界工程机械产业格局中占据重要地位。截至 2023 年,我国工程机械产品已出口至 210 个国家和地区,吹响了我国工程机械在海外奋起的号角。

图 3.1 所示为我国自主研发的无人驾驶工程机械。

图 3.1   我国自主研发的无人驾驶工程机械

2.工程设备智能化技术

（1）单机一体化操作和智能管理技术

该技术是指通过单片机的控制能力和智能化的技术综合使用，实现无人操作，工程机械通过智能化的控制完成自动换挡。该技术可以通过以下两种方式实现：一是电液式，即通过智能控制程序完成设备内部的参数转换，同时将智能程序控制下的命令参数发送至自动换挡装置中，实现智能化的换挡操作；二是液压式，即通过液压方式将设备内部的参数转化成电动信号进而实现智能化的控制。通常情况下，前者应用的范围更加广泛。

（2）智能排障技术

通过智能化控制系统，能够在工程设备正常运行中实现智能故障检测，即通过智能控制程序能够自动检测设备运行中存在的异常情况。在工程设备运行的情况下，为操作者提供设备的故障信息，方便操作者掌控工程机械。

故障检测离不开传感器的使用，通过传感器的信号采集能够完成信号传递，将传感器的信号连接智能化控制系统，实现自主故障报警。通过这种方法能够获取不同部位的信号，将所有的信号传至控制中心，完成信息的综合处理。系统的中央处理模块能够将传感器中的信号进行智能化筛选，并且主动判断是否出现了异常情况。在信号采集过程中，使用的手段主要是共振、温度、感应、压力感应等，对检测设备的变形、断裂具有良好的效果。因此，在智能化工程设备排障的应用中，传感器技术起着非常关键的作用，同时也是实现高智能化故障排除的关键技术。

分析故障的相关理论，能够得到以下 3 种方法：一是使用数学模型下的故障排除方法；二是全方位的信号输入和集中处理，通过人工智能进行排障的检测方法；三是专家系统和神经网络的智能化检测方式。使用专家系统的排障方法具有一定的局限性，因为这种方法对故障提示的效果并不明显，同时并不具有自主学习能力，只能通过设定好的专家处理程序处理问题。但是这种方法在前期的建模和训练过程中具有较高的效率，省去了前期的学习过程。神经网络的方法是仿照着人脑的神经网络系统搭建的神经网络排障方法。这种方法是通过不同结构的神经元形成网络，能够处理复杂故障问题，但是这种方法在使用之前需经过大量的数据锻炼进行学习，通过寻找样本数据中的矢量特征，完成神经网络的学习能力之后,才能够进行扩展学习并处理复杂的问题。

(3)机群智能化高度控制管理技术

该技术能够实现机群的有效配置,主要运用交叉统计、运筹学等方法,通过仿真功能对机群系统进行处理和判断,同时通过智能化控制系统完成对机群的管理。该技术通过数学的优化方法对系统中的最优数据进行运算,最终得出最优化的处理决策。

现代工程机械智能化处理的有效途径是增加机械设备的灵活度,以此加强不同机械结构之间的协调性。机群智能化控制提升的方向主要依据以下两种方法实现:一是优化系统的资源,提升对材料的使用效率;二是通过智能程序代替人工操作,降低人为干预比例。使用机群智能化高度控制管理技术不但能够使多台设备同时运行,并且方便不同设备将运行的数据信号通过网络途径以线性结构传递至中央处理器中,方便处理器对不同的设备进行数据处理。这种技术能够提升不同设备信号的准确性,方便处理器接收和发出信号,同时能够为中央处理器提供全方位的设备数据信号,方便中央处理器掌控机群设备。

机群智能化高度控制管理技术结合智能化的数据处理技术,能够提升对机群设备的运行处理能力,提升设备的使用效果。在现阶段,这种机群控制技术才刚刚起步。目前,主要研究的内容是在特定技术的支持下对机群控制采取最优化的处理方法,包括成本优化、运行动作优化等;通过开发计算机编程程序,优化内部资源配置,形成高效的机群智能管理效果。

3.工程设备智能化应用

(1)无人驾驶叉车

无人驾驶叉车(图3.2)是指不需要人工驾驶的智能叉车,可以理解为把无人驾驶技术应用在叉车上,它可以完成人工驾驶的全部工作。无人驾驶叉车融合 3D 激光+视觉导航和感知、多轴实时运动规划以及高精度视觉伺服控制技术,无须改造环境,快速衔接现有业务流程,满足复杂场景下的无人搬运,具备自主路径规划、障碍物识别和绕障能力;可实现多车调度、交通控制、与客户系统对接等功能;具有可靠的安全避障功能、完善的故障自检功能和友好的人机界面,确保系统安全和有效的信息管理。

(a)堆垛式无人叉车　　　　　　　　　　(b)AGV 无人搬运车

图 3.2　无人驾驶叉车

（2）智能挖掘机

智能挖掘机将传统挖掘机进行数字化改造，使其成为具备自动化能力的智能挖掘机，如图 3.3 所示。智能挖掘机具有远程驾驶、自动挖掘、自动装车等能力。通过先进的模仿学习能力学习老师傅的挖掘手法，提升作业效率；搭载 5G 技术，适用于任何场景，远程进行人机协作作业；具备 ACE 引擎支撑，高效传输音视频；具有丰富的自动化能力，根据不同场景收集数据、快速生成自动化；配套优秀的视觉辅助系统、360° 全景视野以及 3D 场景重构，实现无死角作业。

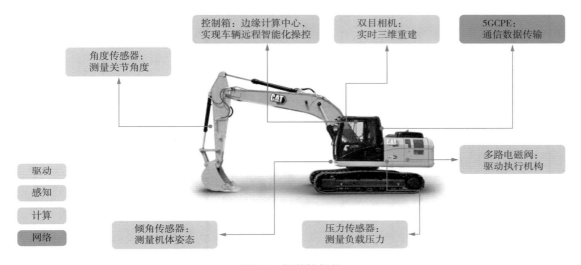

图 3.3　智能挖掘机

①自动装车。一键标定挖掘点及卸料点，生成最优控制轨迹，自动执行挖土动作并到达指定位置完成卸料，实现自动装车作业。

②自动平地。一键平整场地，不需要肉眼观测，避免视觉误差。

③自动刷坡。设定需要的角度，挖掘机自动调整姿态，完成修坡，自动化控制，实现精确刷坡。

④自动挖土。在客户端选择目标挖掘点，挖掘机自动完成挖土动作，无须人工进行复杂控制。

⑤行人闯入自动预警。360° 无死角自动识别行人闯入，挖掘机实现自动急停，保障施工安全。

⑥防倾覆自动预警。实现挖掘机姿态自动检测，客户端倾覆告警时，挖掘机将自动急停，为远程操控提供安全保障。

（3）无人驾驶智能摊压机群

①智能化路面机械。给传统压路机设备增加无线电技术、无线网桥及高清摄像头等设备，实现摊铺机实时施工，如图 3.4 所示。

②无线通信。基站与机群之间采用大功率自组网电台或无线网桥进行低延时通信，传输定位信息、平台指令，信号传输距离可达 3 km，如图 3.5 所示。

（a）智能摊铺机　　　　　　　　　　　　（b）智能压路机

图 3.4　智能化路面机械

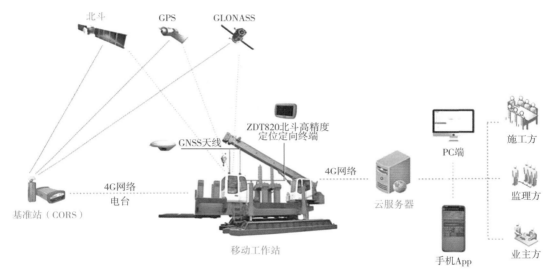

图 3.5　无线通信

③压实辅助系统。压实工艺设置、实时检测反馈双管齐下,根据压实度调整压实遍数,避免过压、欠压现象,实现高品质压实。

④工艺协同。运用传感器技术和软件算法,将施工环境和施工任务数字化,量化施工工艺,智能设备自动完成施工任务。

⑤在线检测。通过传感器和检测算法在线检测、记录碾压温度、速度、压实遍数、压实度、平整度等参数,以可视化图形的方式输出结果。

⑥安全设计。采用三重智能安全设计,全方位保障无人化施工安全。

⑦数字化施工平台。数字化施工平台搭载工程监控、道路管理、设备控制等功能模块,对工程及设备进行实时监控、调度控制和数据分析,如图 3.6 所示。

⑧施工管理云平台。施工管理云平台由工程中心、设备中心、应用中心三大中心组成,搭载质量管理系统、设备数字化管理系统、定制化首页、可扩展应用等核心功能。

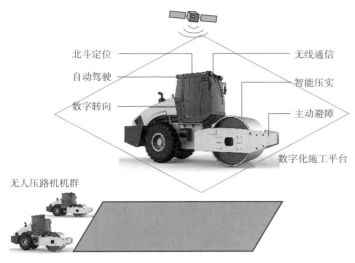

图 3.6　数字化施工平台

【任务总结】

本任务通过对智能工程设备发展进行梳理,展现了工程设备由传统机械向智能化改造和发展创新的过程,以及我国智能工程设备的发展状况。介绍了单机一体化操作和智能管理技术、智能排障技术、机群智能化高度控制管理技术,从多方面分析解剖目前智能工程设备技术从单机到机群,从作业到排障到协同的应用原理,为后续更加优化的智能技术做出方向性指引。通过无人驾驶叉车、智能挖掘机和无人驾驶智能摊压机群的应用实例,从多方面介绍了智能工程机械与传统工程机械的差别和优势,以及工程机械智能化实际应用中的核心技术,为传统工程机械进行智能化、定制化、数字化赋能,在提高施工设备可靠性的前提下,提升施工效率,提高施工质量、保证作业安全。

【任务习题】

1.简述工程机械智能化的意义。

2.工程设备智能排障技术中,分析故障的方法有哪些?

3.简述工程机械智能化技术的实际应用。

任务 3.2　空中造楼机

空中造楼机集成平台系统智能升降、标准施工平台和设备设施、数字化操控系统于一体,突破简体支撑厚度限制,使高层建筑主体结构施工实现垂直方向机械化和自动化的连续建造,提高了现场建造过程的机械化和自动化,提升劳动生产效率和建筑质量,极大丰富了多学科先进技术在建筑行业中的应用场景,带动土木工程、机械、计算机等相关学科交叉协调创新发展。

【任务信息】

我国自行开发的辅助施工技术和整合装备——空中造楼机，是一种大规模的智能化组合机械装备平台，其采用机械作业和智能控制的方法，实现了我国高层建筑的智能化建造，其最显著的特征就是将所有的工序集中起来，在空中逐层进行。

【任务分析】

1.空中造楼机定义

空中造楼机主要用于高层和超高层建筑的建造，具有施工速度快、安全性高、成本低等优点，是现代建筑业不可或缺的重要设备之一，如图3.7所示。

图3.7　空中造楼机

空中造楼机全称为超高层建筑智能化施工装备集成平台，在全球首次将大型塔机和安全防护、临时消防、临时堆场等施工设备、设施直接集成于施工平台上，共用支点，同步顶升，犹如一个设在空中的建筑工厂，可覆盖4层半高度，承载力达数千吨，能抵抗14级飓风。随着空中造楼机的爬升，各项工艺逐层进行，从下到上形成工厂流水线，逐层完成钢筋绑扎、模板支设、混凝土浇筑、混凝土养护等工作，让百米高空的建筑施工作业如履平地，可实现3天一个结构层的施工速度，极大提升了建筑施工的标准化、集成化、智能化水平。

2.空中造楼机的构成

（1）基础支撑系统

空中造楼机的基础支撑系统是整个建筑物的基石。它负责支撑整个建筑物的质量，并且需要在施工期间承受各种不同的荷载。基础支撑系统通常由混凝土桩、钢支撑和固定锚栓等组成。

（2）结构系统

空中造楼机的结构系统是整个建筑物的骨架。它负责将各个楼层连接在一起，并且需要承受施工期间的各种荷载。结构系统通常由钢梁、钢柱和钢筋等组成。

（3）机电设备系统

空中造楼机的机电设备系统包括电力、给水、排水、供暖、空调等设备。这些设备负责为施工期间的各种设备提供能源和物资保障。

（4）施工平台系统

空中造楼机的施工平台系统是施工人员进行操作的地方。它负责提供足够的空间和稳定性，以确保施工人员的安全和施工的顺利进行。施工平台通常由钢平台、防坠网和安全护栏等组成。

（5）垂直运输系统

空中造楼机的垂直运输系统包括电梯、楼梯和货梯等。它负责将建筑材料、设备和人员等物资从地面运输到建筑物的各个楼层。

（6）控制系统

空中造楼机的控制系统是整个设备的指挥中心。它负责控制设备的运行和施工的进程。控制系统通常由计算机、传感器和控制软件等组成。

以上是空中造楼机的主要构成部分。这些部分协同工作，使得空中造楼机能够高效地进行高层建筑的构建。

3.工作原理

空中造楼机的工作原理主要通过将施工物料和人员运送至高空，进行高处施工。它利用机械臂和吊篮等设备完成各种施工任务，如钢筋连接、模板安装、混凝土浇筑等。空中造楼机还具备监测和控制系统，可以实时监测施工状况并进行相应的调整，确保施工安全和施工质量。

【任务实施】

1.空中造楼机的施工工艺流程

由于空中造楼机集成了多道平台系统、液压同步升降系统、模板模架系统、混凝土浇筑与养护系统和安全监测与控制系统等，质量较大，对于高度不超过 180 m 的分散布置的薄壁剪力墙高层住宅，剪力墙无法成为平台顶升的受力载体，需通过支撑在地面的升降柱提供平台爬升的支点，故称为落地爬升式空中造楼机，如图 3.8 所示。相应地，将以建筑主体结构为支撑点，随建筑主体爬升实现平台升降，称为附墙爬升式空中造楼机。下面以落地爬升式空中造楼机为例介绍空中造楼机施工工艺流程。为了保证造楼机设备的标准化，依然需要按照常规工法完成地下室和低层非标准层的施工，包括升降柱的基础。然后才能进场安装、调试及试运行空中造楼机，并开始标准层建造。采用常规工法完成屋顶机房与女儿墙施工后，拆除钢平台上的设施设备、贝雷架和部分钢桁架，保留周边钢桁架及其下挂平台；在空中造楼机回落过程中，完成外墙部件安装与装饰，并完成空中造楼机转场。

图 3.8　落地爬升式空中造楼机

落地爬升式空中造楼机现场安装按照如下流程进行:复核升降柱底座定位线→行走式起重设备入场或安装塔式起重机→吊装标准节→吊装下爬升架→吊装操作平台→吊装物料转运平台→吊装行车平台及行车→首个建造层楼面墙梁定位画线→吊装模板模架→吊装上爬升架→吊装钢平台四周托架→吊装模板过渡连接机构→吊装钢平台中间贝雷架→模板模架过渡连接和钢平台连接→安装混凝土浇筑及养护系统→安装辅助系统和检测监测系统→运行调试。

采用空中造楼机建造一个标准楼层的施工流程如下:首先进行墙梁定位放线→安装墙、梁钢筋网(笼)→安装外围护预制构件等→机电管线预留预埋→安装门窗洞口模板及支撑等前期工程;其次,顶部钢平台下降 2.5 个标准层高→内外模板自动合模→安装外墙模板与对应内模板的对拉螺栓;浇筑墙、梁混凝土后,解锁外墙对拉螺栓,内外模自动开模,顶部钢平台提升 3.5 个标准层高;内外模板清理及楼面标高定位后,行车平台提升一个标准层高,双梁桥式起重机开始吊装钢筋桁架楼承板或预制叠合楼板、人工安装楼面负弯矩钢筋并埋设楼面管线后,浇筑楼面混凝土。待楼面混凝土达到相应强度后,开始新的建造层墙梁定位等工作,形成按楼层循环的建造过程。

2.空中造楼机的优势

(1)基础施工

在桩基施工过程中,利用空中造楼机的起重功能可以更快速、更准确地安装桩基。与传统的施工方法相比,这种方法不仅减少了安装时间,还提高了安装的精度和稳定性。此外,空中造楼机还可以在地下连续墙施工中发挥重要作用。通过空中造楼机的起重功能,可以轻松地将地下连续墙提升到所需的高度,并将其放置在预定的位置。这样可以大大提高地下连续墙的施工效率和质量。

(2)主体结构施工

现代化建筑工程中,空中造楼机被广泛应用于主体结构施工中。这种先进的施工技术不仅提高了施工效率,还能够确保施工过程的安全性和质量。空中造楼机是一种具有空中作业平台的机械设备,能够在高空中进行各种施工任务。在其支撑平台上,施工人员可以进行钢筋连接、模板安装、混凝土浇筑等各项施工任务。

采用空中造楼机进行主体结构施工时,监测和控制系统至关重要。该系统可以实时监测施工状况并进行相应的调整,确保施工过程的安全性和质量。例如,如果支撑平台的荷载超出了预设的范围,系统会自动报警并采取相应的措施,避免发生安全事故。

此外,空中造楼机还能够实现垂直运输的自动化管理。在施工过程中,各种建筑材料和设备可以通过垂直运输系统快速地运送到施工位置。这不仅提高了施工效率,还能够减少人力搬运的需要,降低了工人的劳动强度。在完成每层施工后,空中造楼机可以通过吊篮或机械臂等设备将施工物料和人员运送至下一层进行施工。空中造楼机具有立体化施工的特点,可以大幅缩短施工周期,提高施工效率。

(3)装修和机电设备安装

主体结构施工完成后,利用空中造楼机可以进行楼层间的装修和机电设备安装等工作。空中造楼机可以在高空进行操作,完成对楼层的装修和机电设备的安装。与传统的施工方法相比,这种方法可以节省大量的时间和人力成本。同时,由于空中造楼机具有较高的精度和稳定性,因此可以大大提高楼层装修和机电设备安装的质量。

3.空中造楼机未来的发展方向

①智能化:利用先进的传感器、控制系统和计算机技术,实现空中造楼机的智能化控制和自动化施工,提高施工效率和安全性。

②大型化:为满足高层和超高层建筑物的施工需求,空中造楼机正朝着大型化方向发展,具备更高的起重能力和运输能力。

③多样化:针对不同施工环境和需求,开发多种类型的空中造楼机,如折叠式空中造楼机、液压式空中造楼机等,以满足不同的施工需求。

④环保化:采用节能减排技术,降低空中造楼机的能耗和排放,减少对环境的影响。

【任务总结】

本任务通过学习了解了空中造楼机的组成、施工特点以及造楼机在未来智能化方向发展的趋势。随着我国城市化进程加速推进,土地资源稀缺问题开始显现,高层建筑已成为未来城市发展的方向。空中造楼机作为智能化高层建筑施工装备,能够满足城市发展需求。在全球建造业发展工业化、信息化、智能化的背景下,空中造楼机也变得越来越重要。

【任务习题】

1.什么是空中造楼机?简述空中造楼机的组成。

2.简述空中造楼机的优点及未来的发展方向。

任务 3.3 　智能挖掘机

近年来,在新基建及传统基建项目联合推动下,以及"一带一路"深入发展,我国挖掘机市场销量不断上升,未来我国挖掘机的销量将以每年 15% 的增速增长。到 2026 年,我国的挖掘机销量将达到约 76 万台。另外,随着适龄工作人口急剧减少,施工单位为了降低人工成本,减少土方作业操作人员在压力环境下的繁重工作量以及疲劳驾驶等危险工况,提高安全施工质量和效率的需求越来越强烈,智能数字化施工技术应运而生。机器人、自动驾驶、5G 通信等先进技术快速应用到液压挖掘机等建筑工程领域中,进而出现更适应现代工程建设的智能挖掘机,如图 3.9 所示。

图 3.9　智能挖掘机

【任务信息】

在"工业 4.0""中国制造 2025"战略的指导下,电子控制技术越来越广泛地应用于液压挖掘机,逐步形成液压挖掘机的智能控制体系。目前,国内外主流挖掘机生产厂家中,已经针对液压挖掘机智能匹配、智能施工、智能管理等进行了全面的技术及产品开发。

【任务分析】

智能挖掘机(图 3.10)在土石方工程领域中应用广泛,主要用于土方开挖、填方、整地和施工排水工程等工作。其优势在于效率高、施工周期短、精度高、作业面积大。智能挖掘机在建筑工程领域中也有着重要的应用,主要用于建筑基础、场地平整、河堤整修、园林绿化等方面。其优势在于机械化施工效率高、建筑质量好、减少人工劳动强度等。

智能挖掘机作业系统主要包括感知模块、规划模块和控制模块 3 个部分。

①感知模块:利用低成本的相机和激光雷达,构建出高精度的施工现场三维地图,能够获取准确的施工现场信息。

②规划模块:通过计算机视觉和深度学习算法,可以像"大脑"一样拆解复杂任务,规划作业顺序,制订最优挖掘策略。

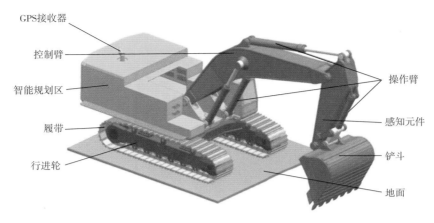

图 3.10　智能挖掘机示意图

③控制模块:视觉和力反馈技术可以确保精准执行自主化行走和挖掘操作,确保高效率、高质量地完成相应施工任务。

智能挖掘机具有以下优点:

①高效性:通过无人驾驶技术,可以减少人力成本,提高工作效率。

②安全性:可以避免人员操作带来的安全风险,提高施工现场的安全性。

③环保性:减少了对自然资源的浪费,降低了对环境的影响。

【任务实施】

1.前期处理

挖掘开始之前,进行前期处理是必要的。首先,需要将地形图、BIM 资料等导入挖掘机系统。该步骤确保挖掘机在作业时,能够充分了解周围的环境和地形信息,从而更加精准地操作。同时,导入这些数据还可以帮助挖掘机更好地规划挖掘路径,避免不必要的碰撞和事故。

导入数据之后,需要进行试车。试车的主要目的是检查挖掘机的各项功能是否正常,以及系统是否能够正确识别和处理导入的数据。通过试车,可以发现并解决可能存在的问题,从而确保在作业时不会遇到突发状况。

2.准备工作

挖掘机作业之前,准备工作是必不可少的。为确保挖掘的顺利进行和目标的成功获取,必须对目标进行深入的了解和研究。首先,要观察并测量目标的形状、大小、高度和颜色等特征,以便确定挖掘的计划和策略。同时,还要了解目标周围的环境和地质条件,包括土壤类型、岩石分布和水文情况等,以避免在挖掘过程中遇到不必要的风险和意外。

除对目标进行观察和研究之外,还需要关注天气情况、光照条件和风向等环境因素。这些因素都可能对挖掘产生影响。例如,雨天可能导致土壤变得松软,增加挖掘的难度和风险;在大风天气进行挖掘,则可能对人员和设备造成危险。因此,在准备工作中,要对这些因素进行充分的考虑,以确保挖掘作业的顺利进行。

此外,在准备工作阶段,还需要对挖掘设备和工具进行检查和维修,确保它们处于良好的工作状态,以便在挖掘过程中能够顺利地使用。同时,还要对人员进行培训和安全教育,确保他们了解挖掘过程中的安全规范和应急预案,以保障人员的安全和健康。

3.制订挖掘方案

要成功地使用智能挖掘机,需要经过仔细的规划和充分的准备。其中,制订挖掘方案是至关重要的一环。挖掘方案是指导挖掘工作的蓝图。它需要根据目标的特点和环境因素进行制订,包括对智能挖掘机的行径路线、挖掘角度、感应器及定位装置的设置等进行详细规划和设定。制订挖掘方案时,需要考虑以下 3 个方面:

首先,需要对目标进行充分的研究和分析,包括了解目标的地质特点、结构特点、周边环境等因素。这些因素将直接影响挖掘机的行进路线和挖掘角度的设置。例如,如果目标位于山区,需要特别注意对山体坡度的处理,以防止挖掘机发生滑坡等事故。

其次,需要选择合适的感应器和定位装置。这些设备将帮助挖掘机感知周围环境,并进行准确地定位。例如,可以选择使用激光雷达、摄像头、超声波传感器等设备来获取周围环境的详细信息。同时,需要选择使用全球定位系统(GPS)或北斗卫星导航系统(BDS)等定位装置来确保挖掘机的准确位置和行进路线。确定挖掘方案时,还需要考虑挖掘机的行进路线和挖掘角度。行进路线需要根据目标的特点和周围环境进行规划,以确保挖掘机能够安全、高效地进行挖掘。同时,挖掘角度也需要根据目标的特点进行设置,以确保挖掘机的挖掘效果和效率。

最后,需要对挖掘方案进行详细的测试和验证,包括在模拟环境中进行测试、在实际环境中进行验证等。通过测试和验证,可以确保挖掘方案的可行性和可靠性,从而为后续的挖掘工作打下坚实的基础。

4.感应设备的安装

安装前,需要仔细检查感应设备是否完好无损,以及与智能挖掘机的型号是否匹配。然后,根据说明书上的步骤,将感应设备安装在智能挖掘机上。该过程需要专业技术人员进行,因为涉及机械安装和电子设备连接等。安装完毕后,需要对设备进行调试。该过程主要是为了确保感应设备能够正常工作,并与智能挖掘机实现无缝连接。在调试过程中,技术人员需要仔细检查设备的各项功能是否正常,并对出现的任何问题及时进行调整和修复。除进行感应设备的安装和调试外,还需要检查智能挖掘机的其他设备是否正常。例如,电源是整个设备运行的基础,因此需要确保电源连接稳定并且电量充足;另外,遥控器是控制智能挖掘机的关键设备,也需要进行检查,确保其正常工作。

为提高智能挖掘机的作业效率,除设备本身的性能和质量外,安装和调试设备也是非常关键的一环。在实际操作中,需要由专业技术人员进行安装和调试,以确保设备的正常运行,并且定期进行检查和维护,以确保设备的正常运行和提高作业效率。

5.开始土方作业

确定一切正常后,开始进行土方挖掘。根据土方施工方案,控制智能挖掘机按照预定的路径行进,同时调整机械的设置,如挖掘定位、深度等,以获得更好的挖掘效果。在开始土方作业之后,智能挖掘机凭借其先进的传感器和算法,对土壤进行精确地识别和分类。根据预设的挖掘路径,自动调整挖掘方向和深度,确保挖掘过程的精准度和效率。同时,操作员可以通过智能控制面板实时监控挖掘机的运行状态和挖掘进度,并对挖掘参数进行调整,以适应不同的土壤类型和挖掘需求。

在挖掘过程中,智能挖掘机还能够自动识别和处理挖掘过程中遇到的各种问题。例如,当遇到大石块或硬土层时,挖掘机能够自动调整挖掘力度和速度,以避免损坏机械或影响挖掘效率。同时,操作人员也可以根据实际情况,手动调整挖掘参数,以适应不同的工作环境和需求。在完成土方挖掘后,智能挖掘机还会对挖掘结果进行自动分析和评估。根据挖掘机的传感器数据和图像数据,操作人员可以清楚地了解挖掘的质量和效果。如果发现存在问题,操作人员可以根据分析结果,对挖掘参数进行调整,以提高挖掘质量和效率。

智能挖掘机在土方挖掘中具有高效、精准、可靠和智能的特点。通过先进的传感器和算法,智能挖掘机可以实现自动识别、自动调整、自动监控和自动分析等功能,极大地提高了土方挖掘的效率和精度。同时,操作人员可以根据实际情况,手动调整挖掘参数,以适应不同的工作环境和需求。这种智能化的土方挖掘技术,为工程建设带来了更多的便利和效益。

6.安全和环境保护

在操作智能挖掘机的过程中,安全和环境保护是至关重要的,需要注意以下 3 个方面:

首先,安全问题是操作过程中绝对不能忽视的。在恶劣的天气条件下,如雷暴、强风等情况下,应该避免进行作业。因为这种天气状况可能会影响挖掘机的稳定性和精度,从而增加事故发生的风险。同时,与智能挖掘机的持续联系也是保证安全的重要手段。通过实时的通讯和反馈机制,操作人员可以及时了解挖掘机的状态和位置,以便在出现问题时能够迅速采取行动。

其次,环境保护也是操作过程中必须注意的问题。在挖掘过程中,应尽量避免对目标区域周围的生态环境造成破坏。例如,挖掘前应评估对土壤、植被和地下水的影响,并采取相应的保护措施。此外,减少噪声污染也是环境保护的重要内容,应尽可能采用低噪声的设备和技术,以减少对周围居民生活、工作的影响。

最后,为实现安全和环保的操作,培训和教育工作也是非常重要的。在操作智能挖掘机之前,操作人员应接受相关的培训,了解设备的工作原理、操作流程和安全规范。同时,随着技术的发展和更新,定期的培训和教育也是保证操作人员技能和知识与时俱进的关键。

【任务总结】

智能挖掘机利用先进的人工智能技术,实现了三维环境感知、实时运动规划和精准动作控制等功能。相较于传统挖掘机,智能挖掘机具有无可比拟的优势。它的工作效率更高,安全性更好,极大地降低了人力物力的投入和使用成本。

未来,随着人工智能技术的不断进步和发展,应继续对智能挖掘机进行研究和创新。例如,通过改进算法和增加传感器数量和精度,可以提高挖掘机的智能化水平,使其能够更好地适应各种复杂的环境和任务。同时,还可以通过引入更先进的人工智能技术,如深度学习和强化学习等,进一步提高挖掘机的使用性能和效率。

【任务练习】

1.简述智能挖掘机作业系统的组成。
2.如何制订智能挖掘的挖掘方案？
3.简述智能挖掘机的优点。

任务 3.4   智能起重机

智能起重机通过传感器技术、姿态控制技术、自动化技术等手段，实现对起重机的智能化管理、智能化控制和智能化维护，提高了起重机的安全性、可靠性和运行效率。智能起重机通过自主导航和自动化装置，实现无人值守的起重作业，可以应用于危险环境、高空作业、深海作业等场合，为人们的生产和生活带来更大的便利和安全保障。智能化和无人化是起重机行业未来的发展趋势，也是国家制造业转型升级的重要方向。

【任务信息】

智能起重机可以提高生产效率、降低人力成本、提高安全性能和数据化管理等。通过引入传感器、控制系统、人工智能等技术，智能起重机可以自动化地进行定位、抓取、运输等操作，有效减少了人为因素对作业的影响，提升了生产效率和安全性能。智能起重机还可以通过数据采集、分析和处理，实现对生产过程的精细化管理和优化，进一步提高生产效率和产品质量，同时，还可以降低劳动强度。传统起重机需要人工操作，劳动强度大。智能起重机可以实现自主操作，减轻人工负担。智能起重机可以通过互联网实现远程监控和管理，便于企业进行生产计划和设备维护等管理工作。

【任务分析】

智能起重机是一种现代化的起重设备（图3.11）。它结合了计算机技术、传感器技术、电子控制技术和网络通信技术等多种先进技术，具有自动化、智能化、远程控制等特点。在智能起重机上，先进的传感器可以实时监测起重机的质量、位置、速度等信息，并将这些信息传输到控制系统中。控制系统根据这些信息对起重机进行精确控制，实现自动化操作。智能起重机还具有远程控制功能，可以通过网络通信技术实现远程操作和监控，提高生产效率和管理水平。

图 3.11　塔式智能起重机

智能起重机与传统起重机相比,具有更高的可靠性和安全性。例如,在危险环境中,智能起重机可以通过自动感知和判断,避免事故的发生。智能起重机还具有更高的精度和稳定性,可以减少人为因素对生产的影响。此外,智能起重机还具有节能环保的特点,可以通过优化控制和智能调度,减少能源的消耗和排放。随着科技的不断进步和工业自动化的不断发展,智能起重机在各个领域的应用越来越广泛。例如,在制造业中,智能起重机可以用于自动化生产线和物料搬运;在建筑行业中,智能起重机可以用于桥梁、高层建筑的施工和安装;在物流行业中,智能起重机可以用于自动化仓库和配送中心。

智能起重机可以提高生产效率和管理水平,保障生产的安全性和稳定性。随着技术的不断进步和应用领域的不断拓展,智能起重机将会在未来的工业自动化领域中发挥更加重要的作用。

【任务实施】

1.明确智能起重机任务目标和要求

在智能起重机的使用过程中,明确任务目标和要求是至关重要的。首先,要了解需要吊装货物的形状、质量、尺寸和种类等因素。通过对这些因素的全面分析,可以确定最优的吊装方案,从而确保起重机在操作过程中更加精准和高效。

为实现精准和高效的吊装,智能起重机还需要具备先进的传感器和控制系统,如图 3.12所示。通过安装高精度的传感器,如重量传感器和位置传感器等,起重机可以获取货物的准确信息,从而更好地控制吊装过程。通过采用先进的控制系统,起重机可以实现对吊装过程的自动化和智能化控制,进一步提高吊装效率和安全性。

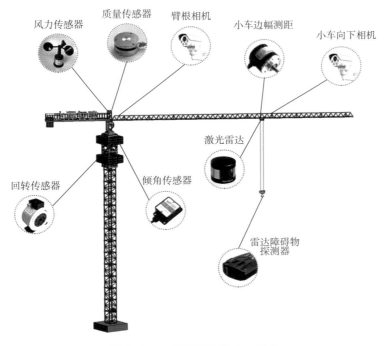

图 3.12   智能起重机传感器组成

2.选择适合的智能起重机型号

各种不同型号的起重机,无论是用于大型货物还是小型货物,都有其特定的适用范围和工作特点。对于需要处理大型、重量级货物的场景,如在造船厂、钢铁厂以及基础设施建设现场,选择具有强大提升能力和高度调节功能的大型货物起重机至关重要。这些起重机通常配备有先进的传感器和控制系统,能够自动感知货物的位置和质量,确保吊装和搬运任务的准确性和安全性。对于需要搬运和堆叠中小型货物的情况,如在中低层建筑等,则需要选择不同类型的起重机。这些起重机通常具有较小的吊钩和较低的吊装高度,操作灵活,适合在狭小的空间内工作。此外,一些起重机还配备了自动化功能,如自动抓取和放置货物,大大提高了工作效率,降低了人工成本。除货物类型和工作空间大小以外,还需要考虑工作环境的其他因素。例如,在室外或露天环境工作的起重机需要面对风、雨、雪等自然天气条件,需要选择具有防护设施和特殊功能的起重机。对于需要吊装和搬运危险品或精密设备的场合,更需要选择具有高度可靠性和安全性的起重机。

3.自动控制系统确保精准操作

智能起重机配备先进的自动控制系统,通过精密的传感器和高效的控制器,确保在操作过程中的精准度和稳定性。智能起重机通过高精度的传感器能够实现对货物位置、质量和运动轨迹的精确控制。这不仅提高了操作的精准度,还降低了因人为操作失误而带来的风险。例如,智能起重机通过位置传感器可以精确地感知货物的位置,从而进行精确的吊运,避免因位置判断错误而导致的货物损伤或设备损坏。智能起重机的自动控制系统是现代工业生产中的重要组成部分。通过高精度的传感器和高效的控制器,实现对货物位置、质量和运动轨迹的精确控制,提高工作效率和安全性。自动控制系统还具备强大的数据处理和分析能力,为工业生产提供更加全面和可靠的支持。

4.实时监控与安全保障

实时监控系统是智能起重机的重要组成部分,它能够实现对货物和设备状态的实时监测,提高操作的安全性和稳定性。智能起重机的实时监控系统主要通过传感器和摄像头等设备来实现。传感器能够实时获取货物质量、位置和运动轨迹的信息,摄像头则可以捕捉到货物和设备状态的图像。这些信息能够及时反馈到控制系统中,帮助系统根据实际情况调整起重机的操作参数,以确保安全性和稳定性。例如,当传感器检测到货物质量异常时,系统会自动调整起重机的操作参数,以防止因过载而导致的安全事故。如果货物位置或运动轨迹出现异常,系统也会立即采取相应的措施,避免发生碰撞或倾翻等事故。

除实时监控货物和设备状态以外,智能起重机还具备安全保障功能,如防碰撞功能。当两台起重机之间的距离过近时,系统会自动发出警报或自动调整起重机的操作参数,以避免发生碰撞事故。另外,防倾翻功能则可以在检测到起重机有倾翻的危险时,自动采取相应的措施,以避免事故的发生。

智能起重机的实时监控系统和安全保障功能的应用,不仅提高了操作的安全性和稳定性,也降低了操作人员的工作强度。这些功能的应用也符合现代工业生产对设备智能化、自动化和安全性的要求。

5.远程监控与维护管理

为确保起重机的正常运行,避免意外事故的发生,智能起重机配备远程监控系统,使得操作人员可以实时监控和管理设备状态,如图 3.13 所示。通过远程监控系统,操作人员可以使用移动设备或电脑等终端设备对智能起重机进行远程操控和管理。这种系统的实现得益于现代物联网技术的应用,使得操作人员可以随时随地获取智能起重机的运行状态、故障和维修保养提醒等信息。

图 3.13　远程控制系统

实时监控设备状态是远程监控系统的核心功能之一。操作人员可以通过系统实时获取起重机的运行数据,包括起重量、起升高度、运行速度等信息,以更好地了解设备的工作状态,还可以为设备的维护保养提供重要的参考依据。

除了实时监控设备状态,远程监控系统还可以实时获取起重机的故障信息。当起重机出现故障时,远程监控系统会立即将故障信息发送给操作人员,以便他们及时采取相应的措施进行修复。这种远程故障诊断和修复功能可以大大缩短设备的停机时间,提高生产效率。

远程监控系统还可以为管理人员提供对设备进行统一管理和维护的便利条件。通过远程监控系统,管理人员可以随时了解设备的使用情况、维修保养记录等信息,从而更好地评估设备的使用寿命和剩余价值。这种统一管理和维护的方式可以大大提高设备的使用效率和寿命。

6.智能诊断与维护保养

智能起重机的智能诊断功能通过内置的传感器和算法对设备进行故障检测和预测,使设备运行更加稳定可靠。智能起重机发现故障或异常情况时,会立即自动报警,并清晰地显示出故障类型和位置等信息,帮助操作人员迅速定位和解决问题。这不仅缩短了设备停机时间,也降低了因故障导致的生产损失。

智能起重机还能根据设备的运行状态和使用情况,自动提醒维护保养的时间表和具体内容等信息。这不仅避免了因过度使用导致设备损坏,也延长了设备的使用寿命,节省了大量的维护成本。

【项目案例】

上海浦东张江康桥绿洲项目位于上海张江科学城康桥工业区,建筑面积为 8.9 万 m^2,由 3 栋7~16 层的产业研发及办公楼组成,是智能建造试点项目之一。该项目主体结构施工采用 5G 塔机远程控制系统,如图 3.14 所示。

图 3.14 5G 塔机远程控制系统

对于以往工地上的塔吊,驾驶舱离地低则数十米,高则数百米。塔吊司机每次作业,要一步一步手脚并用爬上驾驶舱,费时费力,在狭小的驾驶舱内一待就是半天甚至一天,而且高空操控还存在风险高、功效低、环境差等问题。采用塔机智能集控系统,将塔机高空操作变为地面室内环境远程吊装作业,有效提升整个作业过程的安全性,从根本上改变了塔吊操作人员的工作环境,颠覆了传统的作业模式。

5G 塔机远程控制系统可利用城市公共 5G 基站,快速完成远程通信组网,实现塔吊操控及运维所需要的全要素信息实时传输,并且通过颜色、方向、数值等形式,对操作人员进行点位提示,实现精准吊装。该系统此前在国内其他城市的工地上开始使用,经过不断的技术迭代,目前已经是 5.0 版。该系统在行业内首创塔机集中远程控制技术,一名操作人员现在最多可分时操控 5 台塔吊,被控塔吊一键切换,提高人员利用率,人机协同吊装效率可提高 15%。

【任务总结】

本任务介绍了智能起重机的工作原理、各系统的组成、适用范围以及实际工程案例的应用等。在建筑施工中,智能起重机具有得天独厚的优势,通过智能化的运用,不仅使起重机的工作效率大大提高,同时也能够提前消除安全隐患,避免安全事故的发生。

智能起重机
施工

【任务习题】

1.智能起重机由哪些传感器组成?

2.智能起重机工作时的安全如何保证?

3.阐述智能起重机中倾角传感器的作用。

模块 4　建筑机器人

育人主题	建议学时	素质目标	知识目标	能力目标
通过构建建筑机器人虚拟施工与现实机器人操作场景,使理论知识与真实场景融通,帮助学生拓展知识的广度与深度	24	通过建筑机器人的施工操作,培养学生的创新意识、善于解决问题的实践精神	了解智建筑机器人发展的最新技术与现状,掌握机器人技术的基本知识	能熟练采用人机协同软件完成建筑机器人虚拟施工,初步具备商用建筑机器人操作能力

任务 4.1　喷涂机器人

喷涂施工为装修工程的常见工序,包括室内喷涂、外墙喷涂、地坪涂覆等工序。目前,这些基本还停留在人工作业阶段。传统喷涂施工主要存在以下缺点:外墙喷涂工序属于高空作业,存在严重的安全隐患;涂料含有毒物质,对工人有致癌作用;工人的技术水平会影响涂层的质量;传统手工喷涂效率低,喷涂施工的自动化急需解决。

喷涂
机器人

在工业中,喷涂机器人被广泛应用于汽车、轮船等行业,常见的移动方式有导轨式、爬壁式和移动式等。对于建筑室内环境,移动式喷涂机器人工作自由度较高,能灵活应对多种复杂作业对象,具有较强的适应性,因此备受推崇。

针对不同通风环境的施工现场,喷涂机器人能够对墙面和墙面附着件进行喷涂,同时能够实现自定义装饰图形的喷绘。通过喷涂机器人管理系统进行路径设定,可以实现智能机械设备代替人工完成喷涂任务。喷涂机器人是采用空气喷涂工艺,以压缩空气将涂料雾化进行喷涂。喷涂机器人具备四轮行走装置,能够自由进入不同场景进行喷涂。同时,其喷涂加装材料可选,实现对墙面、墙面附着构件进行喷涂。

【任务信息】

采用 VDP 喷涂工艺设计软件与 BIMVR 完成喷涂机器人的设计、虚拟施工与调试,在实训室指定的区域内操作实体机器人完成喷涂任务。

【任务分析】

喷涂机器人
仿真施工

移动喷涂机器人经典结构为"6+3+1"自由度结构,其具体结构包含 6 个自由度机械臂、1 个自由度升降台和 3 个自由度移动平台。在人机协作的条件下,相比于传统工艺,喷涂机器人的优势包括优异的喷涂效率高、均匀一致的涂层、节约人工成本和更高的安全性等。

本任务以喷涂机器人为例讲解其施工方法与步骤。喷涂机器人系统由 4 个部分组成,分别是 VDP 喷涂工艺设计软件(简称"VDP 软件")、数据云、BIMVR 喷涂工艺可视化软件、喷涂机器人设备主体。通过 VDP 设计喷涂机器人施工工艺,上传到云端,然后打开机器人协同系统(BIMVR)连接机器人,进行喷涂机器人实体施工(图 4.1)。

图 4.1　喷涂机器人施工

【任务实施】

1.喷涂机器人施工步骤

(1)施工前期准备

场地地面平整,无障碍物,施工现场能够提供 220 V 供电,供电功率为 5 kW,设有满足作业要求的配电箱。

(2)腻子基层验收

基层表面要保持平整洁净,无浮砂、油污,脚手眼、水暖、管道、开关箱等有孔洞的部位用砂浆修补平整并清理干净。

（3）喷涂机器人进场

①确定喷涂机器人进场时间，有符合要求的电源，便于喷涂机器人进场后可进行充电。

②检查供电电池线路及接头、各传感器线缆状态，存在线路破损、老化、接头松动、积尘等现象严禁开机。喷涂机器人通电操作出现通电异常时，立即检查并报备相关负责人。

③连接好喷涂机器人控制系统，确定 IP 地址无误。

（4）VDP 软件设置喷涂参数

①打开 VDP 软件，单击 1"导入工程"读取.meta 文件，将工程场景导入软件，如图 4.2 所示。单击 2"编辑"，进入工程场景后，在工具栏单击"机器人"选择喷涂机器人中创建虚拟喷涂机器人，如图 4.3 所示。

图 4.2　导入工程

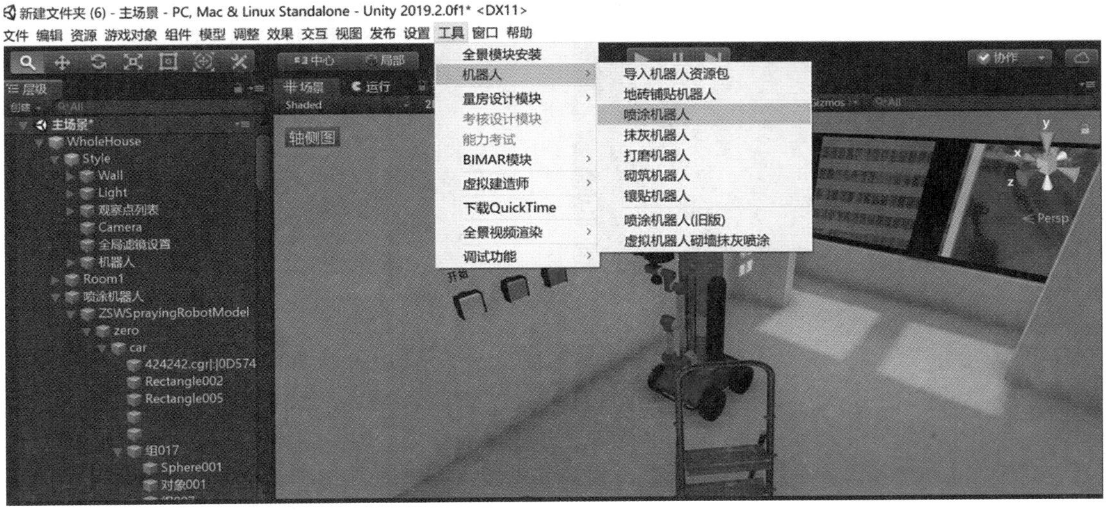

图 4.3　添加喷涂机器人

导入机器人后，需调整喷涂机器人的位置与场景相匹配，拖动"1"处三维坐标任意一坐标轴可以将喷涂机器人移动至相应方向，也可以通过"2"处设置相应的坐标，达到与场景一致，如图 4.4 所示。

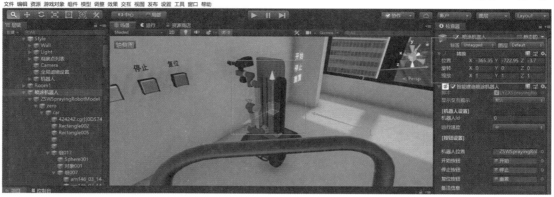

图 4.4　设置喷涂机器人位置

②设置虚拟喷涂机器人基础参数,在"1"处设置喷涂机器人的运行速度,默认"中";在"2"处设置喷涂机器人施工运行的动作按钮在虚拟场景的位置,如图 4.5、图 4.6 所示;在"3"处设置涂料的名称和配合比,采用默认设置。

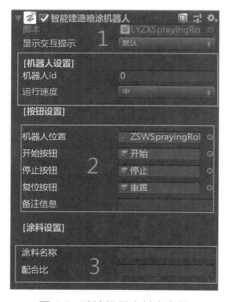

图 4.5　喷涂机器人基本参数

图 4.6　喷涂机器人动作按钮

③设置虚拟喷涂机器人喷涂路径和喷头位置,在"1"处设置喷头的位置即喷头距墙面的距离、喷涂面积;在"2"处相应设置采用默认即可。"机器人命令"菜单中,在"1"处设置喷涂机器人动作数量的个数,如设置"5",菜单中会出现"元素 0""元素 1""元素 2""元素 3""元素 4""元素 5",如图 4.7 所示。每个元素菜单下会出现 3 个命令菜单,如图 4.8 所示。

在"2"处小车控制命令菜单中可以选择"不使用""直线移动"及"转向",如图 4.9 所示。同时,在对应的菜单中需要设置移动的距离和转向的角度;在"升降机控制"菜单中,可以设置升降机的相对高度和指定高度,如图 4.10 所示;在"机械臂控制"菜单中,可以设置机械臂的运动位置,如图 4.11 所示。其他元素动作依此进行设置,设置完成后保存文件。

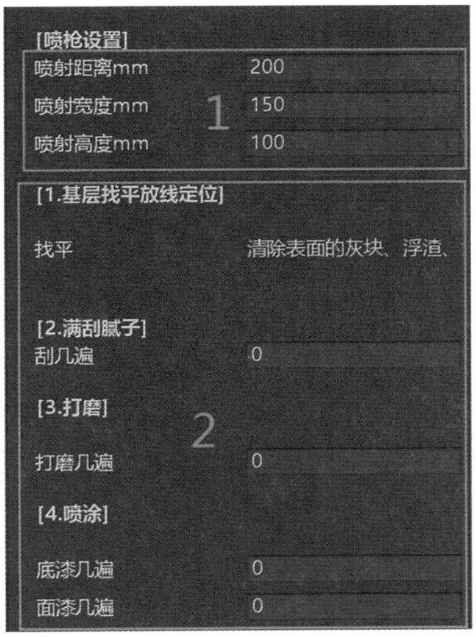

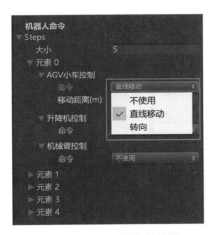

图 4.7　喷涂机器人喷涂动作设置（1）

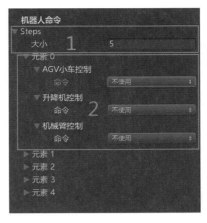

图 4.8　喷涂机器人喷涂动作设置（2）

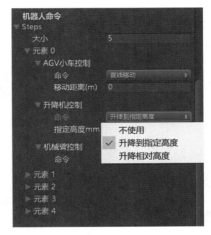

图 4.9　AGV 小车控制菜单

图 4.10　升降机控制菜单

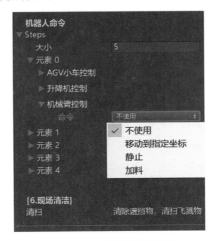

图 4.11　机械臂控制菜单

（5）模型文件上传

将文件打包上传喷涂机器人场景（BIMVR），单击菜单栏中"发布"，选择"一键打包并上传"，将文件上传至 BIMVR 中，如图 4.12、图 4.13 所示。

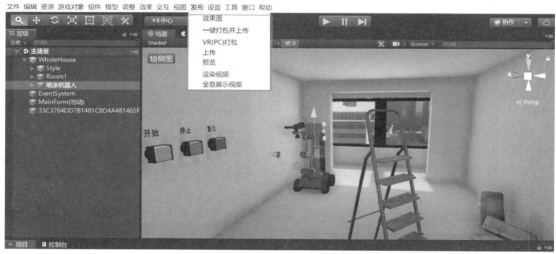

图 4.12　将模型上传 BIMVR

图 4.13　BIMVR 界面

（6）虚拟喷涂机器人推演模拟

在智能机器人控制系统中运行喷涂机器人场景，观察虚拟喷涂机器人运作状态是否符合设置，如不符合返回 VDP 调试，如图 4.14 所示。

（7）连接实体机器人自动喷涂底漆

通过智能机器人控制系统驱动喷涂机器人实体开始喷涂作业，如图 4.15 所示。喷涂机器人工作的同时，需检查喷涂效果。

图 4.14　BIMVR 喷涂机器人虚拟施工模拟

图 4.15　喷涂机器人实体施工

喷涂机器人
实操

2.喷涂机器人维护保养及故障处理

喷涂机器人维护保养包括日常维护和定期维护。作业人员应对照维护项目开展维护保养工作,保障喷涂机器人寿命和运行正常。

(1)智能喷涂机器人日常维护

为保障喷涂机器人的正常使用及安全,进行机器人施工作业前后,均需对喷涂机器人关键部位进行点检工作,同时进行日常维护与保养。具体点检工作和日常维护内容详见表 4.1 和表 4.2。

表 4.1　喷涂机器人作业点检内容

序号	点检部位	点检项目	点检方法	点检阶段	间隔
1	电源开关	动作确认	操作、目视	机器人动作前	适当

续表

序号	点检部位	点检项目	点检方法	点检阶段	间隔
2	急停按钮	动作确认	操作、目视	机器人动作前	适当
3	安全防护	动作确认	操作、目视	机器人动作前	多次
4	电池	动作确认	操作、目视	机器人动作前	适当
5	外部整体	龟裂、损伤、变形	目视	机器人动作前	适当
6	动力/通信线缆	损伤、连接	目视	机器人动作前	适当
7	喷涂管道	损伤、连接	目视	机器人动作前	适当
8	喷枪喷嘴	堵塞、连接	目视	动作前、作业后	多次
9	喷涂机	压力	操作、目视	动作前、作业后	多次
10	运动轴	变形、磨损、干涉	操作、目视	动作前、作业后	多次
11	空气压缩机	压力	操作、目视	动作前、作业后	多次
12	导航传感器	污染、遮挡	操作、目视	动作前、作业后	多次

表 4.2　喷涂机器人日常维护保养要点

序号	维护项目	操作方法
1	喷涂设备清洗	在每次喷涂作业完成后 10 min 内,需对喷涂设备进行清洗,以免管路或喷嘴堵塞,影响下一次喷涂作业。清洗方法如下: ①打开回流阀,提起进料管道,将进料管及回流管中的液体排空; ②换清水回流,关闭回流阀,将进料管放入清水中,打开喷涂机; ③直到喷嘴喷出清水 30~60 s,然后提起进料管道,将进料管及回流管中的液体排空; ④换另一桶清水回流,重复一遍步骤①即可; ⑤拆卸喷枪、喷嘴,使用毛刷及 TSL 液清洗喷嘴,直到喷嘴无涂料残留后,装回喷枪、喷嘴即可(宜每喷涂 5 000 m² 或喷涂 1 个月更换 1 个喷嘴)
2	加料和料桶清洗	加料操作,涂料不足时,打开料桶盖可以直接进行加料。清洗料桶操作方法如下: ①打开球阀,将余料引出至余料桶; ②将余料桶换成废水桶; ③手持清洗杆将清洗喷头从加料口塞入; ④打开高压水,摆动清洗杆,实现料桶内部全角度清洗 20 s,关水,待桶内污水排净继续冲洗;10 s 后,关水,取出清洗杆; ⑤待料桶内污水排净,关闭球阀,妥善处理废水
3	过滤网清洗	①正常情况下,每喷涂 30 h,就需清洗一次过滤网; ②若涂料中污物较多,可适当缩短清洗时间间隔

(2)喷涂机器人定期维护

喷涂机器人须按表4.3的要求进行定期维护与保养。

表 4.3　喷涂机器人定期维护保养要点

序号	维护项目	操作方法
1	底盘总成维护保养	①检查底盘清洁程度,是否有障碍物; ②检查车轮内是否有碎布等杂物; ③检查螺栓及螺母是否松动,底盘的骨架是否松动,以及各驱动电机及传动部件等是否处于正常状态; ④检查底盘区域有无裸露的电线,插头的连接是否良好,电路有无磨损等; ⑤检查轮胎是否磨损严重; ⑥检查配套设备是否可以正常使用,如电脑终端等
2	上装移动机构维护保养	①外部清洁:保持设备整洁,有严重污垢时,使用软布蘸取少许中性清洁剂或酒精,轻轻擦拭;保持设备周围环境整洁(宜每周彻底清洁一次,或视工作环境确定清洁频率); ②内部清洁与润滑; ③细心擦净导轨和丝杆表面的油污,特别是沟槽里的油污; ④用黄油枪通过注油油嘴向传动腔(导轨滑块或丝杆螺母)内部加油,直至内部污油完全被挤出,清除被挤出的污油; ⑤用手指在丝杆(导轨)表面涂少许油脂,优先保证沟槽内均匀涂抹;手推丝母(滑座)来回往复几次,确保油膜均匀; ⑥清除多余的油脂; ⑦直线滑台盖板未确保已锁付时,禁止运转;当直线滑台运转时,禁止将手伸入盖板内部
3	传感器	①检查传感器外观,检查器件是否缺损、受潮; ②确认各端子连接器连接可靠,器件安装无松动现象; ③检查电源状态,确认 DC 电源的电压状态正确,校核传感器精度; ④检查传感器反馈值与实际计量仪表测量值是否相符; ⑤确认传感器内外清洁; ⑥记录、编制维护保养报告
4	喷涂设备	①施工前后,将 TSL 油顺着活塞杆注入油杯中,以最大限度地延长喉部密封圈和活塞杆的使用寿命; ②当油杯下的喉部密封圈磨损后,部分涂料会从油杯中溢出,顺时针拧紧油杯半圈即可; ③用清洗液或溶剂清洗整机、高压管和喷枪外表
5	电机	①检查电机运行电流是否超过允许值,是否存在突变,电压是否在允许值内; ②检查轴承是否过热,有无异常声音; ③检查电机运行声和振动是否正常,有无异常声音和气味; ④检查电机各部位的温度是否超过规定值
6	其他电气元件维护保养	①检查电路中各个连接点有无过热现象; ②检查三相电压是否相同,电路末端电压是否超过规定值; ③检查各配电装置和低压电器内部有无异味、异响; ④检查配电装置与低压电器表面是否清洁,接地线是否连接正常; ⑤对于空气开关磁力启动器和接触器的电磁吸合铁芯,应检查其工作是否正常,有无过大噪声或线圈过热情况;

续表

序号	维护项目	操作方法
6	其他电气元件维护保养	⑥低压配电装置的清扫和检修一般每年至少一次,其内容除清扫和摇测绝缘外,还应检查各部连接点和接地处的紧固状况; ⑦对于频繁操作的交流接触器,应每3个月至少检查一次触头和清扫灭弧栅,测量吸合线圈的电阻是否符合规定值; ⑧检查空气开关与交流接触器的动静触头是否对准三相,是否同时闭合,并调节触头弹簧使三相一致,遥测相间绝缘电阻值; ⑨检查空气开关的接触头及交流接触器的接触头,如磨损厚度超过1 mm时,应更换备件,被电弧烧伤严重者应予磨平打光; ⑩检查空气开关的电磁铁及交流接触器的电磁铁吸合是否良好,有无错位现象;若短路环烧损,则应更换;吸合线圈的绝缘和接头有无损伤或不牢固现象

(3)喷涂机器人常见作业故障及处理

喷涂机器人常见作业故障及处理方法见表4.4。

表4.4 喷涂机器人常见作业故障及处理方法

序号	常见作业故障	处理方法
1	喷涂机器人作业时不能开机	①检查电源开关是否开启,如未开启电源,请开启电源开关; ②检查急停按钮是否弹起,如急停按钮未弹起,旋转急停开关,使急停开关处于弹起状态; ③检查电池电量,如电量不足,充电后使用
2	喷涂机无涂料喷出	①检查喷涂机料斗是否堵塞,如堵塞,清理料斗及管道,检查堵塞原因; ②检查喷涂机气泵压力,如无压力,检查气泵是否工作; ③检查喷涂材料黏稠度是否正常,如黏稠度比例不对,需更换喷涂材料; ④检查喷涂机管道是否有折弯,如有折弯,及时关闭喷涂机,待管道正常后再次开启喷涂机
3	喷涂机喷涂面积太小或太大	①检查喷涂头开关,调整开关量控制喷涂面积; ②检查喷涂机压力,根据喷涂面积调整喷涂机压力
4	自动喷涂过程中,偏移预设路径,喷涂机器人有碰撞周围物体风险,底盘导航报警	暂停喷涂机器人作业,或按下机身上红色急停按钮或App中的急停按钮;检查地图是否偏移,重新进行地图匹配
5	自动喷涂过程中,点位错误,发生碰撞、流坠或者漏喷现象,上装机构无动作	检查点位信息是否规划正确,检查地图是否发生偏移,检查喷嘴是否堵塞
6	喷涂作业过程中,出现压力不稳或压力达不到预设压力	①检查吸料管头是否完全浸入涂料中; ②检查吸料口是否有堵塞; ③检查料管带过滤器的转接头是否有堵塞; ④检查料口接头是否松动或有滴漏

续表

序号	常见作业故障	处理方法
7	限位开关异常报警	恢复限位开关正常状态,单击复位

【项目案例】

北京大兴国际机场生活服务设施二期工程项目是一项机场配套建设项目,位于北京市大兴区榆垡镇、礼贤镇和河北省廊坊市广阳区之间,总投资为 8.7 亿元,建筑面积为 13.5 万 m²,包括多栋办公楼、宿舍楼、餐厅等建筑。该项目采用建筑喷涂机器人进行内外墙喷涂施工,展现了高水平的施工能力。

该项目的内墙喷涂施工面临着工期紧、标准高、面积大等挑战。建筑喷涂机器人通过高效的喷涂技术,满足了项目的施工要求。建筑喷涂机器人还能根据不同的建筑风格和设计要求,进行个性化的喷涂方案设计,实现了内外墙的多样化喷涂效果,如图 4.16 所示。

图 4.16　建筑喷涂机器人施工

该项目共使用了 5 台建筑喷涂机器人,分别负责不同建筑的内墙喷涂。建筑喷涂机器人通过智能控制系统,实现了多台机器人作业,提高了喷涂效率。建筑喷涂机器人还通过智能监控系统,实现了喷涂过程的实时监测,保证了喷涂质量。

建筑喷涂机器人相比传统的人工喷涂,具有显著的效率优势。根据项目数据,建筑喷涂机器人的喷涂效率是人工喷涂的 5 倍,喷涂成本是人工喷涂的 25%,喷涂质量也达到设定值。

【任务总结】

喷涂机器人可自主设计规划喷涂路径,精确控制喷涂范围和喷涂量,减少人工作业的操作误差,降低施工难度和风险,提升施工效率,机械设备反复利用率高,可实现虚拟与实体设备同步关联,实现智能控制设备作业。

智能喷涂机器人具有具有运输便捷、安装方便、工作效率高等特点,满足了高层建筑施工的需要。随着技术的发展,喷涂机器人的精准度、工作效率等方面都会越来越高,其智能性也会随之提高,而造价会随之降低。因此,喷涂机器人普及于建筑建设活动中指日可待。此外,喷涂机器人的广泛应用拓展了我国机器人技术和自动化技术的应用领域,实现建筑领域内自动化作业,将会在我国建筑领域掀起一场智能浪潮。

【任务习题】

    1.采用 VDP 设计软件完成 20~30 m² 的房间喷涂机器人虚拟喷涂墙面施工。

    2.简述喷涂机器人常见的故障及处理方法。

    3.目前,行业中喷涂机器人的优缺点主要体现在哪几个方面?

任务 4.2　　地砖铺贴机器人

    在室内施工过程中,地砖铺贴是常见的施工环节,需要专业人员进行实施,但这些人员很多都是年龄较大的施工人员。随着社会老龄化的到来,从事建筑行业的年轻劳动力将出现短缺,因此以机器取代人工是社会发展的必然。地砖铺贴机器人的应用不仅提升地砖铺贴效率,大大降低材料浪费及用工成本,同时也顺应了社会发展的必然,逐渐以机器取代重复类劳动,由施工人员负责控制设备主体和施工质量即可。

    复杂的铺贴环境对机器人的设计、控制和运行提出了苛刻的要求。为适应铺贴的环境和满足铺贴的功能,地砖铺贴机器人的结构设计显得尤为关键。瓷砖的定位技术能准确检测瓷砖的位置,从而提高铺贴的质量。此外,地砖铺贴机器人铺贴过程中的轨迹规划能缩短铺贴作业的时间,有利于进一步提升工作效率。2014 年,新加坡未来城市实验室联合苏黎世联邦理工学院开发了一款包含六轴机械臂、吸盘抓取装置和红外定位仪器等部件的地砖铺贴机器人 MRT,如图 4.17 所示。我国地砖铺贴机器人的研发基本是参考 MRT 机器人原型。

图 4.17　MRT 机器人

【任务信息】

    采用 VDP 铺贴工艺设计软件完成地砖铺贴机器人的虚拟施工与调试,在实训室指定的区域内操作地砖铺贴机器人实体完成地砖铺贴。

【任务分析】

地砖铺贴机器人系统由 4 个部分组成,包括 VDP 铺贴工艺设计软件、数据云、BIMVR 铺贴工艺可视化软件、铺贴机器人设备主体。通过 VDP 设计地砖铺贴机器人施工工艺,上传到云端,然后打开机器人协同系统(BIMVR)连接地砖铺贴机器人,进行地砖铺贴机器人实体施工。

地砖铺贴
机器人
虚拟施工

【任务实施】

1.地砖铺贴机器人施工步骤

(1)施工前期准备

做好施工安全准备,戴好安全帽、工装;地砖运输到堆料区、浸泡、切割、领料;清理地面,保持地面清洁、平整,无杂物。

(2)基层清理

基层表面要保持平整洁净,无浮砂、油污,有不平整或孔洞的部位用砂浆修补平整并清理干净;检查地面有无其他质量问题。

(3)地砖铺贴机器人进场(图 4.18)

图 4.18　地砖铺贴机器人

①确定地砖铺贴机器人进场时间,现场有符合要求的电源,便于地砖铺贴机器人进场后可进行充电。

②检查供电电池线路及接头、各传感器线缆状态,存在线路破损、老化、接头松动、积尘等现象严禁开机;地砖铺贴机器人通电操作,设备出现通电异常时,严禁重复断电通电操作,须立即检查并报备相关负责人。

③把地砖铺贴机器人移动到初始位置(即第一块砖铺贴的位置),地砖铺贴机器人对准标线;根据在 VDP 软件中规划的内容,领取需要的瓷砖块数,根据拼花排好顺序,并领取需要人工拼边的边角料;根据排好拼花的瓷砖顺序和在 VDP 软件中规划的瓷砖块数,把料放到地砖铺贴机器人取料区上,注意不要超过最大加料个数。

④连接好智能机器人控制系统,确定 IP 地址无误。

（4）VDP 软件设置地砖铺贴参数

①在 VDP 软件中创建虚拟地砖铺贴机器人。单击"工具"选项板中"机器人"，选择"地砖铺贴机器人"，将铺贴机器人加载到施工场景中，如图 4.19 所示。

图 4.19　添加地砖铺贴机器人

②设置虚拟地砖铺贴机器人基础参数，其中"机器人设置""按钮设置"基本参数同喷涂机器人；在"地砖设置"菜单中，根据地砖实际的大小设置，案例中地砖的大小为 300 mm×300 mm×8 mm，砖缝宽为 2 mm，如图 4.20 所示；在"准备工作""地面清理""地面找平"等设置中，地砖铺贴机器人的此功能尚在开发中，此选项采用默认设置或者不设置，如图 4.21 所示。

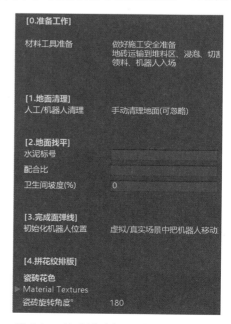

图 4.20　地砖铺贴机器人基本参数　　　　图 4.21　地砖铺贴机器人贴砖动作设置

③设置地砖铺贴机器人铺贴命令。单击"Steps"设置动作步数,如设置为"5",菜单中将出现"元素 0""元素 1""元素 2""元素 3""元素 4""元素 5"。单击"元素 0",菜单中出现"AGV 小车控制"和"机械臂铺贴控制"菜单。在"AGV 小车控制"菜单中,可以通过"命令"菜单设置小车的运动状态"直线移动"和"转向",如图 4.22 所示;在"机械臂铺砖控制"菜单中,可以设置"铺贴"和"加料",如图 4.23 所示。其他"元素"按照"元素 1"进行设置,然后形成地砖铺贴机器人行走和铺贴的路径。

图 4.22　"AGV 小车控制"菜单

图 4.23　"机械臂铺砖控制"菜单

(5)模型文件上传

将编辑好的施工虚拟文件打包上传 BIMVR,如图 4.24 所示。

图 4.24　上传文件

(6)虚拟地砖铺贴机器人推演模拟

虚拟地砖铺贴机器人推演模拟如图 4.25 所示。

（a）地砖铺贴机器人开始工作

（b）地砖铺贴机器人铺贴第二排地砖

（c）地砖铺贴机器人铺贴第三排地砖

图 4.25　地砖铺贴机器人虚拟施工

　　在虚拟施工工程中，若遇到参数不合适（如砖缝过大等），返回步骤"（4）VDP 软件设置地砖铺贴参数"中进行调节相应参数，直到地砖铺贴虚拟施工满足要求为止。

　　（7）地砖铺贴机器人自动铺贴

　　地砖铺贴机器人接收指令后，会根据 VDP 软件中推演的方案进行铺贴，如图 4.26 所示。瓷砖材料应表面平整、边缘整齐、棱角不得破坏；瓷砖材料表面应光洁、质地坚固，尺寸、色泽一致，不得有暗痕和裂纹。

图 4.26　地砖辅贴机器人工作

地砖铺贴
机器人实操

2.地砖铺贴机器人维护保养及故障处理

地砖铺贴机器人维护保养包括日常维护和定期维护,作业人员应对照维护项目开展维护保养工作,保障机器人寿命和运行正常。

(1)地砖铺贴机器人日常维护

为保证地砖铺贴机器人的正常使用及安全,在进行施工作业前后,均需对地砖铺贴机器人关键部位进行点检工作,同时进行日常的维护与保养。具体点检和日常维护内容详见表4.5和表4.6。

表 4.5　地砖铺贴机器人作业点检

序号	点检部位	点检项目	点检方法	点检阶段	间隔
1	电源开关	动作确认	操作、目视	机器人动作前	适当
2	急停按钮	动作确认	操作、目视	机器人动作前	适当
3	安全防护	动作确认	操作、目视	机器人动作前	多次
4	电池	动作确认	操作、目视	机器人动作前	适当
5	外部整体	龟裂、损伤、变形	目视	机器人动作前	适当
6	动力/通信线缆	损伤、连接	目视	机器人动作前	适当
7	吸盘	压力	操作、目视	动作前、作业后	多次
8	运动轴	变形、磨损、干涉	操作、目视	动作前、作业后	多次
9	导航传感器	污染、遮挡	操作、目视	动作前、作业后	多次

表 4.6　地砖铺贴机器人日常维护保养要点

序号	维护项目	操作方法
1	地砖铺贴设备清洁	在每次地砖铺贴作业完成后 10 min 内,需对地砖铺贴设备进行清洁,以免料斗不平整,影响下一次地砖铺贴作业
2	加料	加料操作,砖料不足时,可以直接进行加料

（2）地砖铺贴机器人定期维护

地砖铺贴机器人须按表4.7的要求进行定期维护与保养。

表4.7　地砖铺贴机器人定期维护与保养要点

序号	维护内容	操作方法
1	底盘总成维护保养	①检查底盘清洁程度,车轮内是否有杂物,底盘的工作区域是否有障碍物,轮胎是否磨损严重; ②检查螺栓及螺母是否松动,底盘的骨架是否松动,以及各驱动电机及传动部件等是否处于正常状态; ③检查底盘区域有无裸露的电线,插头的连接是否良好,电路有无磨损等; ④检查配套设备是否可以正常使用,如电脑终端等
2	上装移动机构维护保养	①保持设备整洁,有严重污垢时,使用软布蘸取少许中性清洁剂或酒精,轻轻擦拭; ②内部清洁与润滑; ③细心擦净导轨和丝杆表面的油污,特别是沟槽里的油污; ④用黄油枪通过注油油嘴向传动腔(导轨滑块或丝杆螺母)内部加油,直至内部污油完全被挤出,清除被挤出的污油; ⑤用手指在丝杆(导轨)表面涂少许油脂,优先保证沟槽内均匀涂抹;手推丝母(滑座)来回往复几次,确保油膜均匀; ⑥清除多余的油脂; ⑦直线滑台盖板未确保已锁付时,禁止运转;当直线滑台运转时,禁止将手伸入盖板内部
3	传感器	①检查传感器外观,检查器件是否缺损、受潮; ②确认各端子连接器连接可靠,器件安装无松动现象; ③检查电源状态,确认DC电源的电压状态正确,校核传感器精度; ④检查传感器反馈值与实际计量仪表测量值是否相符; ⑤确认传感器内外清洁; ⑥记录、编制维护保养报告
4	电机	①检查电机运行电流是否超过允许值,是否存在突变,电压是否在允许值内; ②检查轴承是否过热,有无异常声音; ③检查电机运行声和振动是否正常,有无异常声音和气味; ④检查电机各部位的温度是否超过规定值
5	其他电气元件维护保养	①检查电路中各个连接点有无过热现象; ②检查三相电压是否相同,电路末端电压是否超过规定值; ③检查各配电装置和低压电器内部有无异味、异响; ④检查配电装置与低压电器表面是否清洁,接地线是否连接正常; ⑤对于空气开关磁力启动器和接触器的电磁吸合铁芯,应检查其工作是否正常,有无过大噪声或线圈过热情况; ⑥低压配电装置的清扫和检修一般每年至少一次,其内容除清扫和摇测绝缘外,还应检查各部连接点和接地处的紧固状况; ⑦对于频繁操作的交流接触器,应每3个月至少检查一次触头和清扫灭弧栅;测量吸合线圈的电阻是否符合规定值;

续表

序号	维护内容	操作方法
5	其他电气元件维护保养	⑧检查空气开关与交流接触器的动静触头是否对准三相,是否同时闭合,并调节触头弹簧使三相一致,遥测相间绝缘电阻值; ⑨检查空气开关的接触头及交流接触器的接触头,如磨损厚度超过 1 mm 时,应更换备件,被电弧烧伤严重者应予磨平打光; ⑩检查空气开关的电磁铁及交流接触器的电磁铁吸合是否良好,有无错位现象;若短路环烧损,则应更换;检查吸合线圈的绝缘和接头有无损伤或不牢固现象

（3）地砖铺贴机器人常见作业故障及处理

地砖铺贴机器人常见作业故障及处理方法见表4.8。

表 4.8　地砖铺贴机器人常见作业故障及处理方法

序号	常见作业故障	处理方法
1	地砖铺贴机器人作业时不能开机	①检查电源开关是否开启,如未开启电源,开启电源开关; ②检查急停按钮是否弹起,如急停按钮未弹起,旋转急停开关,使急停开关处于弹起状态; ③检查电池电量,如电量不足,充电后使用
2	地砖铺贴过程中不出砖	①检查料斗是否堵塞,如堵塞,清理料斗及管道,检查堵塞原因; ②检查电池电量,如电量不足,充电后使用
3	自动铺贴地砖过程中,偏移预设路径,地砖铺贴机器人有碰撞周围物体风险,底盘导航报警	暂停地砖铺贴机器人作业,或按下机身上红色急停按钮或 App 中的急停按钮,检查地图是否偏移,重新进行地图匹配
4	地砖铺贴过程中,点位错误,发生碰撞、流坠或者漏喷现象,上装机构无动作	检查点位信息是否规划正确,检查地图是否发生偏移
5	地砖铺贴作业过程中,出现机械手抓取不稳或抓取位置不是预设位置	①检查机械手夹具是否有异常或变形; ②检查出吸砖传感器是否正常; ③如以上部件都正常,重新校正机械手抓取位置
6	限位开关异常报警	恢复限位开关正常状态,单击复位

【任务总结】

地砖铺贴机器人抓取系统包含六轴机械臂、真空吸盘组件和视觉激光传感器,不但能实现灵活抓取和铺设瓷砖,还能精确检测已铺贴瓷砖的位姿,从而达到施工规范的要求。导航系统通过激光雷达传感器获取环境信息,构建 2D 和 3D 地图模型,并使用路径规划,确保机器人快速稳定作业。经过仿真分析发现,地砖铺贴机器人可以顺利完成铺贴工作,满足实际功能需求。

地砖铺贴机器人的运行轨迹是在 VDP 虚拟现实设计软件中完成的,还可实现与 VR 虚拟机器人共同联动,实现含有数字孪生技术的自动铺贴特性。施工人员可以先在虚拟环境中推演铺贴效果,如达到方案要求即可将命令输入到实体机器人,由实体机器人施工作业。

【任务习题】

1.采用 VDP 设计软件完成 10～15 m² 的房间地砖铺贴机器人虚拟地砖铺贴施工。

2.简述地砖铺贴机器人维护定期保养要点。

任务 4.3　　砌筑机器人

通常,砌筑工程需要大量人力进行施工,人工砌筑完成的质量难以保证统一。在传统的各类建筑施工中,砌体墙占据相当大的工程量,其施工效率与作业质量对整个建筑施工工期和质量至关重要。在我国现阶段,建筑砌体墙体砌筑以人工砌筑为主,砌筑效率较低。当砌筑高度较大时,建筑工人需通过其他辅助工具在高空作业,存在安全隐患。为弥补砌体墙体砌筑装备领域高水平、智能砌筑作业技术的短板,研发适应我国国情、具有自主知识产权的砌体墙体自动砌筑机器人,成为我国工业化建筑施工现代化发展的迫切需求。砌筑机器人以高度智能化的自动砌墙功能代替传统人力施工,在提升施工效率的同时降低用工、用料成本。

为改善传统砌砖工序,发达国家率先研发自动化砌砖机器人。世界上第一台建筑机器人诞生于墙体砌筑方面。1994 年,德国卡尔斯鲁厄理工学院(KIT)研发了全球首台自动砌墙机器人 ROCCO;1996 年,斯图加特大学开发了另一台混凝土施工机器人 BRONCO。之后,哈佛大学、卡内基梅隆大学等机构也都开展过一些建筑机器人研究。不过,受当时经济及技术条件所限,这些早期的砌筑机器人系统均未投入实际使用,但是为后续型号的研究提供了前期的概念和理论铺垫。

近年来,随着机器人技术走向成熟,以及劳动力成本的不断提高,砌筑机器人系统的研发重获发展契机,甚至部分系统已投入商业应用。目前,澳大利亚公司 Fastbrick Robotics(FBR)开发的 Hadrian X 砌筑机器人在实验室每小时砌筑砖能达到 200 块。美国 Constryction Robitics公司研发的轨道式机器人(图 4.27),由机械臂、传递系统及位置反馈系统组成,效率较人工提高了 3～5 倍,是目前我国砌砖机器人研发参考的基础。目前,国内砌筑机器人尚无大规模商用的先例,依然停留在研究阶段。面对复杂多样的建筑环境,砌筑机器人如何快速准确完成砌筑任务是未来主要的研究热点。

【任务信息】

采用 VDP 砌筑工艺设计软件完成砌筑机器人的虚拟施工,在实训室指定的区域内操作砌筑机器人实体完成砌筑任务。

图 4.27　轨道式机器人

【任务分析】

砌筑机器人系统由 4 个部分组成,包括 VDP 砌筑工艺设计软件、数据云、BIMVR 砌筑工艺可视化软件、砌筑机器人设备主体。通过 VDP 设计砌筑机器人施工工艺,上传到云端,然后打开机器人协同系统(BIMVR)连接砌筑机器人,进行砌筑机器人实体施工。

砌筑机器人
虚拟施工

【任务实施】

1.砌筑机器人施工步骤

(1)施工前期准备

做好施工安全准备,戴好安全帽、工装;墙砖运输到堆料区、浸泡、切割、领料;清理地面,保持地面清洁,无杂物。

(2)基层清理

清理现场,保证保持地面清洁,无杂物;地面无其他质量问题;基层条件满足要求。

(3)砌筑机器人进场(图 4.28)

①确定砌筑机器人进场时间,现场有符合要求的电源,便于砌筑机器人进场后充电。

②检查供电电池线路及接头、各传感器线缆状态,存在线路破损、老化、接头松动、积尘等现象严禁开机;砌筑机器人通电异常时,严禁重复断电通电操作,需立即检查并报备相关负责人。

图 4.28　砌筑机器人

③把砌筑机器人移动到初始位置（即第一块砖砌筑的位置），砌筑机器人对准标线；根据在 VDP 软件中规划的内容，领取需要的砖块数，把料放到砌筑机器人取料区上，注意每次添加不要超过最大加料个数（18 块）。

④连接好智能机器人控制系统，确定 IP 地址无误。

（4）VDP 软件设置砌筑参数

①在 VDP 软件中创建虚拟砌筑机器人。单击"工具"选择菜单，选择"机器人"，在选项卡中选择砌筑机器人，如图 4.29 所示。

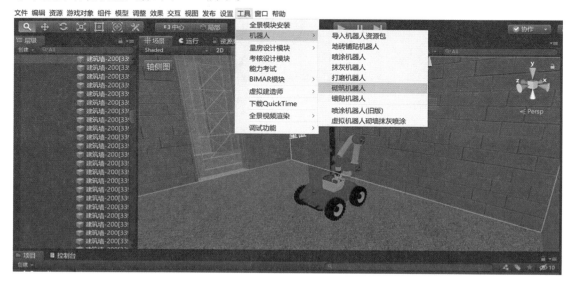

图 4.29　在工具栏创建砌筑机器人模型

②设置虚拟砌筑机器人砌筑相关参数。其中，"机器人设置""按钮设置"基本参数同地砖铺贴机器人，如图 4.30 所示；在"1.设置"菜单中，根据实际砌筑墙体的尺寸填写相应的数据，图 4.31 中墙厚、高度、长度分别设置为"240""2 400""3 000"，砌筑砖默认为标准砖的尺寸，在菜单中无须更改；单击"组砌方法"，在菜单中可以选择砖砌筑的方式，如图 4.32 所示；单击"砌筑方向"，在下拉菜单中可以选择砌筑的方向，如图 4.33 所示。

图 4.30　砌筑机器人基本参数

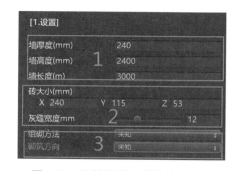

图 4.31　砌筑机器人铺贴基本参数

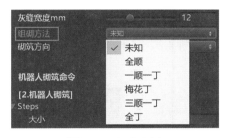

图 4.32　组砌方法

图 4.33　组砌方法

单击"Steps"设置动作步数,如设置为"5",菜单中将出现"元素 0""元素 1""元素 2""元素 3""元素 4""元素 5"。单击"元素 0",菜单中出现"AGV 小车控制"和"机械臂控制"菜单。在"AGV 小车控制"中,可以通过"命令"菜单设置小车的运动状态为"直线移动"和"转向",如图 4.34 所示;在"机械臂控制"菜单中,可以设置"铺贴"和"加料",如图 4.35 所示。其他"元素"按照"元素 1"进行设置,然后形成机器人行走和砌筑的路径。

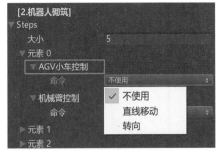

图 4.34　"AGV 小车控制"菜单

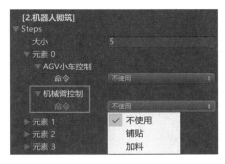

图 4.35　"机械臂控制"菜单

(5)模型文件上传

打包上传砌筑机器人场景,如图 4.36 所示。

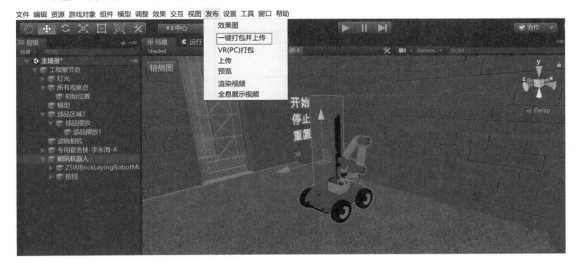

图 4.36　将编辑好的虚拟施工文件上传 BIMVR

（6）虚拟砌筑机器人推演模拟

在智能机器人控制系统中运行砌筑机器人场景，如图4.37所示。观察虚拟砌筑机器人运作状态是否符合设置，如不符合返回VDP软件调试。

（a）砌筑机器人加料　　　　　　　　　　（b）砌筑机器人砌砖

图4.37　BIMVR中调试虚拟砌筑机器人

砌筑机器人
实操

（7）砌筑机器人自动砌筑

砌筑机器人接收指令后，会根据VDP软件推演的方案进行砌筑，如图4.38所示。

2.砌筑机器人维护保养及故障处理

砌筑机器人维护保养包括日常维护和定期维护，作业人员应对照维护项目开展维护保养工作，保障砌筑机器人寿命和运行正常。

（1）砌筑机器人日常维护

为保障砌筑机器人的正常使用及安全，在进行机器人施工作业前后，均需对砌筑机器人关键部位进行点检工作，同时进行日常的维护与保养。具体点检和日常维护内容详见表4.9和表4.10。

图4.38　砌筑机器人实体工作

表4.9　砌筑机器人作业点检

序号	点检部位	点检项目	点检方法	点检阶段	间隔
1	电源开关	动作确认	操作、目视	机器人动作前	适当
2	急停按钮	动作确认	操作、目视	机器人动作前	适当
3	安全防护	动作确认	操作、目视	机器人动作前	多次
4	电池	动作确认	操作、目视	机器人动作前	适当
5	外部整体	龟裂、损伤、变形	目视	机器人动作前	适当
6	动力/通信线缆	损伤、连接	目视	机器人动作前	适当
7	吸盘	压力	操作、目视	动作前、作业后	多次
8	运动轴	变形、磨损、干涉	操作、目视	动作前、作业后	多次
9	导航传感器	污染、遮挡	操作、目视	动作前、作业后	多次

表 4.10　砌筑机器人日常维护保养要点

序号	维护项目	操作方法
1	加料装置	在每次砌筑作业完成后 10 min 内,需对加料装置进行检查以及清洁工作,以免加料装置不平整造成砌块无法放入的情况出现
2	砌块维护	每次砌筑作业圆满结束后,务必对每一块砌块进行细致的检查与清洁工作。此过程旨在确保砌块表面无污渍,且形态完整,无变形、破损等瑕疵。若发现有变形或破损的砌块,须立即更换为全新的砌块,以避免在后续的砌筑过程中出现卡砖等不规范操作,从而影响工程质量

（2）砌筑机器人定期维护

砌筑机器人须按表 4.11 进行定期维护与保养。

表 4.11　砌筑机器人定期维护与保养要点

序号	维护内容	操作方法
1	底盘总成维护保养	①检查底盘清洁程度,是否有障碍物; ②检查车轮内是否有碎布等杂物; ③检查螺栓及螺母是否松动,底盘的骨架是否松动,以及各驱动电机及传动部件等是否处于正常状态; ④注意底盘区域有无裸露的电线,插头的连接是否良好,电路有无磨损等; ⑤检查轮胎是否磨损严重; ⑥检查配套设备是否可以正常使用,如电脑终端等
2	上装移动机构维护保养	①外部清洁:保持设备整洁;有严重污垢时,使用软布蘸取少许中性清洁剂或酒精,轻轻擦拭;保持设备周围环境整洁(宜每周彻底清洁一次,或视工作环境确定清洁频率); ②内部清洁与润滑; ③细心擦净导轨和丝杆表面的油污,特别是沟槽里的油污; ④用黄油枪通过注油油嘴向传动腔(导轨滑块或丝杆螺母)内部加油,直至内部污油完全被挤出,清除被挤出的污油; ⑤用手指在丝杆(导轨)表面涂少许油脂,优先保证沟槽内均匀涂抹;手推丝母(滑座)来回往复几次,确保油膜均匀; ⑥清除多余的油脂; ⑦直线滑台盖板未确保已锁付时,禁止运转;当直线滑台运转时,禁止将手伸入盖板内部
3	传感器	①检查传感器外观,检查器件是否缺损、受潮; ②确认各端子连接器连接可靠,器件安装无松动现象; ③检查电源状态,确认 DC 电源的电压状态正确,校核传感器精度; ④检查传感器反馈值与实际计量仪表测量值是否相符; ⑤确认传感器内外清洁; ⑥记录、编制维护保养报告

续表

序号	维护内容	操作方法
4	电机	①检查电机运行电流是否超过允许值,是否存在突变,电压是否在允许值内; ②检查轴承是否过热,有无异常声音; ③检查电机运行声和振动是否正常,有无异常声音和气味; ④检查电机各部位的温度是否超过规定值
5	其他电气元件维护保养	①检查电路中各个连接点有无过热现象; ②检查三相电压是否相同,电路末端电压是否超过规定值; ③检查各配电装置和低压电器内部有无异味、异响; ④检查配电装置与低压电器表面是否清洁,接地线是否连接正常; ⑤对于空气开关磁力启动器和接触器的电磁吸合铁芯,应检查其工作是否正常,有无过大噪声或线圈过热; ⑥低压配电装置的清扫和检修一般每年至少一次,其内容除清扫和摇测绝缘外,还应检查各部连接点和接地处的紧固状况; ⑦对于频繁操作的交流接触器,应每3个月至少检查一次触头和清扫灭弧栅;测量吸合线圈的电阻是否符合规定值; ⑧检查空气开关与交流接触器的动静触头是否对准三相,是否同时闭合,并调节触头弹簧使三相一致,遥测相间绝缘电阻值; ⑨检查空气开关的接触头及交流接触器的接触头,如磨损厚度超过1 mm时,应更换备件,被电弧烧伤严重者应予磨平打光; ⑩检查空气开关的电磁铁及交流接触器的电磁铁吸合是否良好,有无错位现象;若短路环烧损,则应更换;检查吸合线圈的绝缘和接头有无损伤或不牢固现象

（3）砌筑机器人常见作业故障及处理

砌筑机器人常见作业故障处理方法见表4.12。

表4.12　砌筑机器人常见作业故障及处理方法

序号	常见作业故障	处理方法
1	砌筑机器人作业时不能开机	①检查电源开关是否开启,如未开启电源,开启电源开关; ②检查急停按钮是否弹起,如急停按钮未弹起,旋转急停开关,使急停开关处于弹起状态; ③检查电池电量,如电量不足,充电后使用
2	砌筑过程中吸盘无压力	①检查料斗是否堵塞,如堵塞,清理料斗及管道,检查堵塞原因; ②检查吸盘压力及电池电量,如电量不足,充电后使用
3	自动砌筑过程中,偏移预设路径,砌筑机器人有碰撞周围物体风险,底盘导航报警	暂停砌筑机器人作业,或按下机身上红色急停按钮或App中的急停按钮;检查地图是否偏移,重新进行地图匹配
4	砌筑过程中,点位错误,发生碰撞、流坠或者漏喷现象,上装机构无动作	检查点位信息是否规划正确,检查地图是否发生偏移

续表

序号	常见作业故障	处理方法
5	砌筑作业过程中,出现机械手抓取不稳或抓取位置不是预设位置	①检查机械手夹具是否有异常或变形; ②检查出吸砖传感器是否正常; ③如以上部件都正常,重新校正机械手抓取位置
6	限位开关异常报警	恢复限位开关正常状态,单击复位

【任务总结】

砌筑机器人的操作系统由机器人控制系统控制指令传达,砌筑方式设计在 VDP 虚拟现实设计软件进行规划。砌筑机器人可针对施工现场的复杂作业环境,以实现"定位→上砖→抓取→摆砖"的自动化砌筑,严格按照 VDP 软件中设计的砌筑方式,完成"全顺、一顺一丁、梅花丁、三顺一丁、全丁"不同的施工方案。

【任务习题】

1.采用 VDP 设计软件完成长 2.5 m、高 1.5 m 墙体的砌筑机器人虚拟施工。

2.简述砌筑机器人常见故障及处理方法。

3.砌筑机器人如果能在建筑施工企业普及,需要解决哪些问题?

任务 4.4 测量机器人

建筑实测实量是提升工程质量的关键工序,工作量大,且工作进度紧迫。传统手工测量主要借助靠尺、塞尺、方尺和扫平仪等工具,对规范要求的点、线位置进行测量,再通过人工记录和比对完成测量任务,存在效率低、人为因素影响大和数据整理调用繁琐等弊端。为优化实测实量工序,自动化实测实量技术受到广泛研究。新型建筑测量机器人利用三维激光扫描技术,由激光测距系统和激光扫描系统组成。它能实现数据的采集、传输、运算、绘图、制表和评分的全自动化,具有明显的技术优势。

【任务信息】

测量机器人是一种不仅可以执行特定程序,而且还可以支持用户自定义编程并可与外界进行信息交流的智能型测量设备(图4.39)。这类设备的镜头模组一般可以绕着水平或者竖直方向自由转动,并且可以协助测量人员完成各类测量任务。测量机器人理论上可以集成多种传感器,利用计算机图像视觉、机器学习、人

图 4.39 测量机器人

工智能等技术自主判断周围测量环境的变化,自主决策测量行为;利用智能机器人技术、智能控制等,可以自主设计移动测量路径,并可胜任多种恶劣的测量环境。测量机器人将可实现对周围测量环境数据的自主采集、实时采集并处理,具有极强的图像数据获取和演算能力。

【任务分析】

测量机器人所采用的先进 AI 测量智能算法是通过对采集完成的点进行云数据算法处理,自动识别墙面、天花、门窗等要素后,再基于识别的墙面等要素使用虚拟靠尺、角尺算法,完成实测数据计算的处理过程。测量机器人通过 AI 测量智能算法可以实现测量数据的多维呈现与应用,为工程质量管理提供重要参考依据。通过虚拟靠尺与热力图,可以获知每面墙的详细测量结果,并指导后续质量问题整改,如图 4.40 所示。

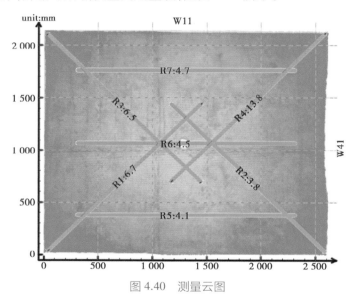

图 4.40　测量云图

测量机器人不仅可以呈现以上实测实量的多维数据,还可以对进度、质量及工效数据进行实时分析。

①进度分析:可以通过测量机器人对所要查看的项目、项目各施工阶段、楼栋、楼栋各施工阶段当前施工测量的进度及作业面积,测量楼层数量等数据进行实时分析,以及时掌握实测实量进度,如图 4.41 所示。

②质量分析:通过测量机器人所测数据,可以获得不同楼层同一站点测量项的合格率、所有楼层相同房间的平均合格率、单个楼栋不同楼层(不同户型)的各个测量阶段和测量项的合格率等信息,以帮助判断哪个房间工程质量需要重点关注,如图 4.42 所示。

③工效分析:可以通过测量机器人对测量人员的作业情况、累积作业面积、作业楼层、作业天数等信息进行实时分析,如图 4.43 所示。此外,每天、每月、每年的作业数据及施工质量趋势也能够清晰呈现、追溯可查。

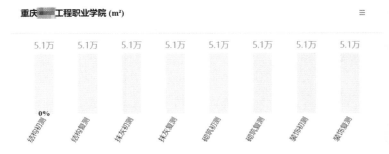

图 4.41　测量总体进度

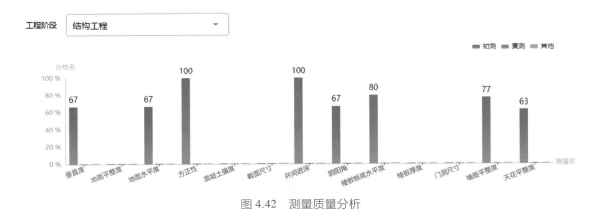

图 4.42　测量质量分析

图 4.43　测量工效分析

【任务实施】

1.测量机器人施工步骤

（1）测量设备进场

测量人员携带全套测量设备进入测量场所,测量机器人全套设备包含扫描仪、装运保护箱、防护箱及内部部件、Surface 平板电脑、三脚架,如图 4.44 所示;进行测量的前置环境检查,正式测量开始前,先观察周边环境是否符合测量条件。作业现场地面应保持基本清洁,无大块垃圾,无墙、板、窗、砌块等材料和其他杂物堆放,应拆除沥干、无粉尘、无水喷溅;防护箱内零部件清点,开启防护箱,清点箱内全套零部件是否完整。

图 4.44　测量机器人设备

（2）插入电池和 SD 卡

插入电池,注意插入电池的方向,如图 4.45 所示;插入 SD 卡,注意 SD 卡不要锁住。摘下镜头保护套,长按电源键 2~3 s 开机。将收纳好的三脚架进行翻转;三脚架的 3 个脚要放到最长,注意往左旋转为松,往右旋转为紧,不将旋转式锁扣拧得太松,以防止脚架脱落,将三脚架的各个旋转式锁扣拧紧;将 3 个脚收缩回来,将锁扣按下,撑开后 3 个脚会保持在一致的角度,检查是否有未拧紧的地方。

图 4.45　取出扫描仪并安装电池

（3）安装扫描仪器

从防护箱中取出安装环,放进三脚架上固定安装环,确保拧紧,然后安装扫描仪,如图 4.46所示。双手握住扫描仪放进安装环,将锁扣拧紧安装好。

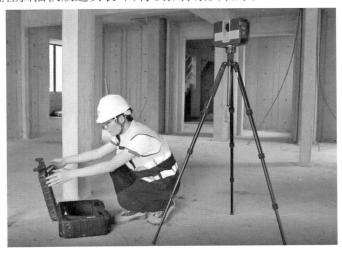

图 4.46　安装扫描仪器

（4）站点的架设

选择需要测量的站点,将组装好的机器人放置在站点中央位置,如图 4.47 所示。

图 4.47　选择合适测量位置

（5）云端项目创建

①用平板电脑登录云端管理系统，添加项目，如图 4.48 所示。

图 4.48　添加项目

②编辑项目信息。根据实际工程，依次录入项目真实基础信息数据，如图 4.49 所示。

图 4.49　添加项目基础信息并保存

③户型图信息编辑，如图 4.50 所示。

图 4.50　编辑户型图信息

④添加站点。根据实际情况，单击户型图绘制站点坐标，完成全部站点绘制，可结合实际情况编辑站点信息。

⑤标准库配置。标准库用于配置测量标准信息，用户可以根据自身使用情况结合相应的验收规范进行合理配置，如图 4.51、图 4.52 所示。

图 4.51　编辑标准库

测量项目	测量标准(mm)
墙面平整度(木模)	[0,8]
墙面平整度(铝模)	[0,5]
垂直度(木模)	[0,10]
垂直度(铝模)	[0,5]
楼板板底水平度(精装)	[0,12]
楼板板底水平度(毛坯)	[0,15]
方正性	[0,10]
阴阳角方正	[0,4]
开间进深极差	[0,10]
开间进深偏差	[-10,10]
天花平整度(木模)	[0,8]
天花平整度(铝模)	[0,5]
地面水平度(精装)	[0,12]
地面水平度(毛坯)	[0,15]

图 4.52　标准库具体项目编辑

⑥算法规则配置。算法规则配置是计算测量项方法的依据,可以根据自身使用情况进行合配置,如图 4.53 所示。

图 4.53　算法规则配置

⑦创建任务。按照实际工程要求,编辑任务信息,如图 4.54、图 4.55 所示。

图 4.54　创建任务

图 4.55　编辑任务信息

⑧开始测量任务,确保 Wi-Fi 已连接,如图 4.56 所示。测量机器人作业开始,进入创建好的任务,单击"开始任务"启动扫描仪;扫描作业后,扫描仪开始作业。操作人员退回到站点外,以防止挡住需测量的墙面。

图 4.56　测量机器人测量

⑨当平板电脑站点状态显示为"计算中",进度为"0%"时,表示该站点已经扫描完成,可以将扫描仪移动至下一站点。移动测量机器人时,手持三脚架顶部锁扣与脚架部位,注意避免磕碰。

测量作业完毕后,从平板电脑可以查看测量报告,如图 4.57 所示。数据报告模块用于管理测量任务生成的汇总报告,主要包括汇总报告、热力图、3D 数据。

图 4.57　数据查看

数据分析可帮助用户全方位了解项目情况,对上传云端的报表数据进行项目进度、施工质量、工作效率等多维度分析。

2.测量机器人维护保养及故障处理

(1)部件保养

①设备日常需要放入保护箱内。
②使用平板设备时,需佩戴防尘套。
③扫描仪使用后,如有发热现象,需等散热后再收纳。
④扫描仪镜头注意佩戴好保护套后再收纳。
⑤充电均需选用稳定的 220 V 电源。
⑥需使用专用清洗液清理扫描仪设备,其中清洁扫描仪镜头的要求及步骤见表 4.13。

表 4.13　清洁扫描仪镜头的要求及步骤

步骤	内容	图示
1	清洁前,须关闭扫描仪,取出电池	—
2	佩戴无粉尘手套,不要触摸镜头的表面	—

续表

步骤	内容	图示
3	用无油压缩空气或橡皮吹轻轻吹掉镜头表面的颗粒	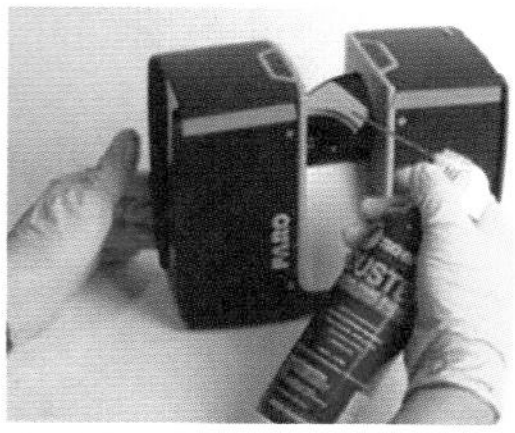
4	将2~3张镜片清洁纸合在一起,折叠成清洁垫	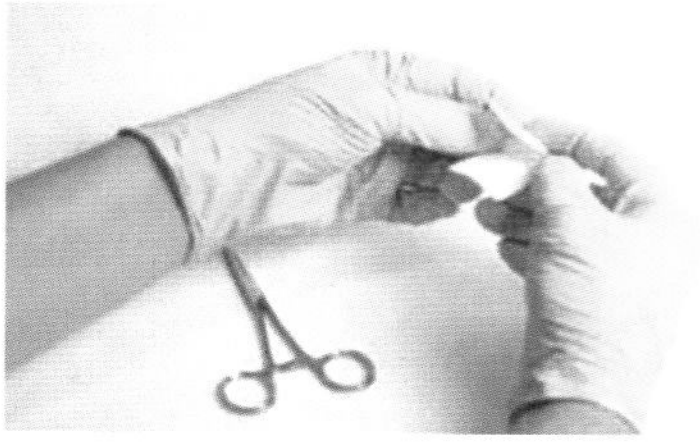
5	用异丙醇清洗液湿润清洁垫	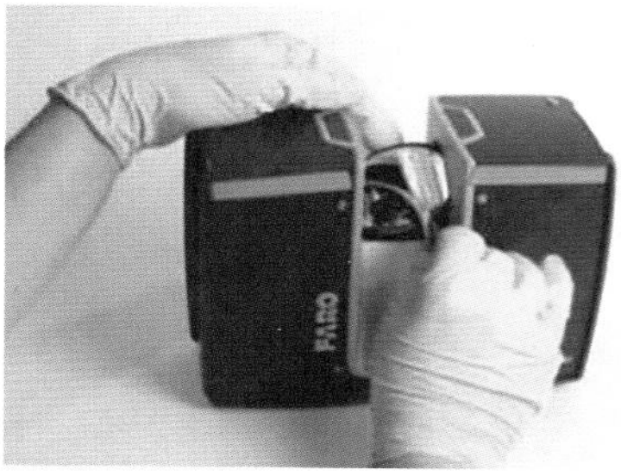
6	从一端到另一端按单一方向、轻幅度,使用清洁垫擦拭(不可来回方向擦拭)	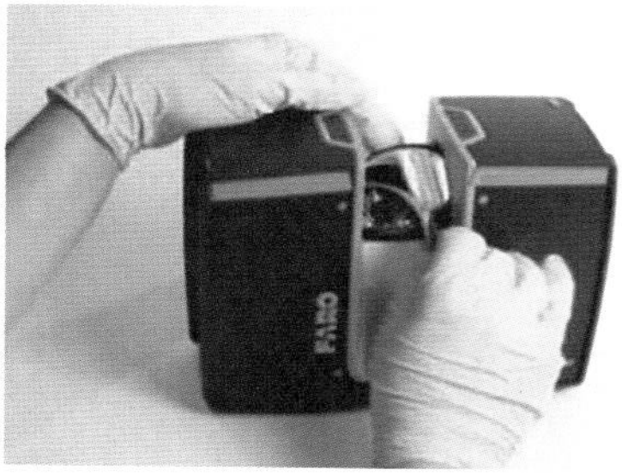
7	重复清洁,将整个镜头表面都擦拭一遍	—
8	通过目视检查清洁状态	—
9	使用异丙醇镜头清洁液,准备另一块清洁片,执行最终步骤	—
10	沿一个方向,轻轻擦拭整个镜头表面一次,通过目视检查清洁状态,确保没有污染残留;否则,根据需要使用异丙醇镜头清洁液重复清洁	—

(2)常见故障及处理方法

常见故障及处理方法见表4.14。

表 4.14　常见故障及处理

序号	故障信息	说明及故障分析	处理方法
1	采集失败	①扫描仪设备采集数据错误码:-4(格式转换时,无法打开输入文件);②文件编号异常;③扫描仪镜头起雾	①检查扫描仪远程共享是否打开;②将 SD 卡格式化,重启扫描仪;③利用扫描仪自身采集功能进行去雾
2	扫描仪界面扫描状态、倾角仪状态一直亮红或呈黄色状态	①可能是架站时设备未摆平;②可能是倾角仪传感器故障	重新架站,微调三脚架,直至界面显示亮灰状态即可
3	扫描仪按开机键,一直无法开机,扫描仪启动失败	①可能是电池电量不足;②可能是电池失效;③设备整机处于异常状态	①取出电池,重新充电,查看电池指示灯状态;②将电池放入扫描仪后,直接将充电线插入充电插口,尝试开机
4	提示计算失败	①天花板寻找失败;②可能是计算失效	可尝试微调三脚架站点位置,再重新进行测量
5	提示网络连接失败	①可能是扫描仪远程访问已关闭;②可能是扫描仪 WLAN 状态未开启或密码输入错误;③可能是手持平板设备网络未开启;④可能是设备网络模块已故障	①在扫描仪设置界面,查看远程访问是否已开启,重新开启;②在扫描仪设置界面,查看 WLAN 状态是否正常开启;③检查平板设备网络是否已开启,密码是否正常配置;④重启平板或扫描仪,再次检查网络可正常连接
6	提示内部系统错误	可能是软件系统内部运行异常所致	按照软件界面提示操作,选择确认。若还无法正常响应,可尝试重启平板设备
7	扫描仪扫描转速异常或采集时间与设置不符	扫描仪配置不对或出现异常	①检查并确认"彩色扫描"已关闭;②用扫描仪采集一遍数据,再用平板下达测量任务
8	App 无法正常使用	测量机器人 App 无法正常登录使用	检查加密狗是否插牢固

3.测量机器人使用注意事项

①测量机器人在使用过程中如出现问题,应及时处理故障后再使用。

②测量机器人进场工作之前,应保证工作现场的施工设备等已经拆除并进行场地清理。

③测量墙面时,墙面应无遮挡,以免影响测量结果。

④必须按照说明书的指示使用测量机器人作业,并且仅使用制造商推荐或者销售的附件。

⑤测量机器人必须由经过培训考核合格的人员使用,必须确保电源电压符合充电插头

上标注的电压;在清洁和维护扫描仪之前,应关闭扫描仪并将电池取出。

⑥测量机器人不能采用损坏的电源线或电源插座。当测量机器人因跌落或者进水等意外导致无法正常工作时,不能继续使用。为避免损坏,应由制造商或其售后服务进行维修。

⑦测量作业时,测量人员应离开测量机器人作业区域,以免干扰数据采集效果。

⑧禁止在手持平板设备上下载安装任何软件,禁止在高于 40 ℃、低于 5 ℃ 的环境下使用测量机器人,禁止在有大量粉尘的环境中使用测量机器人。

⑨注意不要把机器架设在传料孔洞、放线孔的正下方,以防止杂物坠落、损坏仪器。

⑩测量过程中,每隔一段时间检查三脚架是否有松动,扫描仪是否安装稳固。

⑪测量机器人仅使用制造商专配的原装充电器及充电座。如果充电器或充电座损坏,为避免损坏电池,必须由制造商的专业人员维修或更换。

⑫扫描仪要轻拿轻放,防止磕碰造成测量数据异常;禁止在有明火或易碎物品的环境中使用扫描仪。

【项目案例】

重庆某地铁隧道超欠挖分析

1.工具介绍

(1)采集设备

采用 FARO X330 测量机器人进行数据采集。FARO X330 是一款高性能测量仪器,如图4.58 所示。

图 4.58　FARO X330 测量机器人

(2)需要用到的软件

①Trimble RealWorks 是一款三维扫描数据处理软件,如图4.59所示。它被广泛应用于处理、分析和解释大型点云数据集,如测量工程、建筑工程、历史建筑保护、采矿和其他需要精确空间数据的场合。它是集点云无目标无人值守全自动拼接、平面线画图成果半自动提取、半自动快速三维模型成果提取、监测检测自动成果输出、视频多媒体、正摄影像制作等功能于一体的强大点云处理软件。该软件不仅支持 GX、FX、VX、TX5、TX8 等全系列三维激光扫描仪,同时也支持其他品牌的激光点云数据。在隧道测量和分析方面,Trimble RealWorks 提供了强大的工具来处理隧道的点云数据。

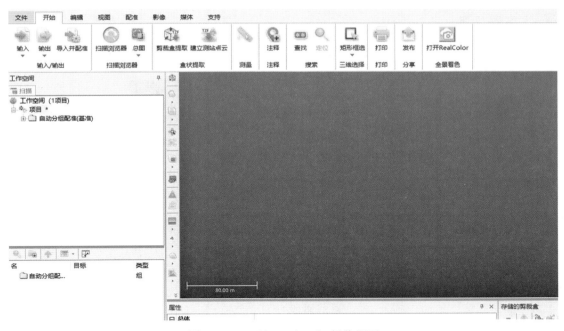

图 4.59 Trimble RealWorks 操作界面

②Revit 是一款实用的 BIM 模型设计软件。Revit 软件是为建筑信息模型(BIM)构建的,可以帮助建筑设计师设计、建造和维护质量更好、能效更高的建筑。该软件提供了丰富实用的功能模块,涵盖了建筑建模、结构建模、MEP 建模、高级建模、分析、文档编制等。

2.外业准备

(1)调查现场状况

考察隧道内部环境,包括隧道大小、形态、光线条件、通风条件以及其他环境因素(如尘埃和水分等)。

(2)安全准备

①注意人员及设备安全(佩戴安全帽、工装、劳保鞋)。

②注意检查架站周围是否有杂物对扫描物体有所遮挡。

③注意记录外业架站草图,以便于后期内业处理。

(3)选定扫描站点

根据隧道的长度和扫描仪的扫描范围,规划站点位置,确保覆盖整个隧道内部,无重大盲区。

(4)建立临时基准

在隧道入口设置基准点,以保证扫描数据的稳定性和准确性。

(5)环境条件调整

如有必要,为保证扫描质量,需要进行一些环境调整,如增加照明或安排排风降尘。

3.仪器设置

①组装测量机器人。根据厂家提供的指南组装测量机器人,并确保所有连接正确无误,同时确保设备稳定放置在三脚架上,如图4.60所示。

图4.60 架设设备

②初始化和校准。开机后,进行设备自检和校准,包括水平以及垂直校准。

③设置参数。根据扫描需求,设置分辨率、扫描速度和扫描范围。

④连接附属设备。如有需要,连接笔记本电脑、平板等用于控制扫描仪和初步查看数据的设备。

⑤仪器设置时,要考虑避免各种可能引起干扰的因素,如震动、水源、金属等。

4.数据采集

(1)进行扫描

通过连接到测量机器人的笔记本电脑或者使用测量机器人内置界面,按要求开始扫描。仪器会以一个固定的旋转速度扫描环境,使用激光距离测量原理(FARO X330测量机器人采用的是相位比较法测距原理)收集空间中的点云数据。

(2)多站扫描

隧道为长距离环境,可能需要移动测量机器人到新的扫描点。如果需要实现将多次扫描的点云数据实现后期处理时的连续拼接,应注意放置标志点,可能需要在扫描区域内放置特定的标记或反光目标,用于扫描过程中的点云配准,如图4.61所示。

图4.61 隧道内部架站

FARO X330 测量机器人提供的配套软件,如 SCENE,用于处理和拼接采集的数据。该软件可以导入从激光扫描仪收集的原始点云数据,并使用特殊的算法将不同站点扫描之间的数据进行配准(或拼合),生成一个完整的三维点云模型。该过程可以部分自动化,尤其是在不同站点扫描之间存在共同特征时,软件可以识别这些特征来自动配准扫描得到的数据。如果在执行扫描前可能需要在场景中放置标志(如反光球或特定标记),软件能更容易识别并自动拼接扫描点云。

(3)数据监控

通过连接的平板或电脑实时监控数据采集情况,确保扫描质量。对于每个扫描站点,确保已有足够的重叠区域,以便于后续数据拼接。

(4)数据下载和后处理

三维点云数据量一般很大,在所有必要的扫描完成后,将数据下载到计算机上。通过厂商提供的或者其他兼容的后处理软件进行点云数据的处理,包括数据清理(去除噪声等)、点云配准和拼接、分析、创建模型等,如图 4.62、图 4.63 所示。

图 4.62   生成的点云数据

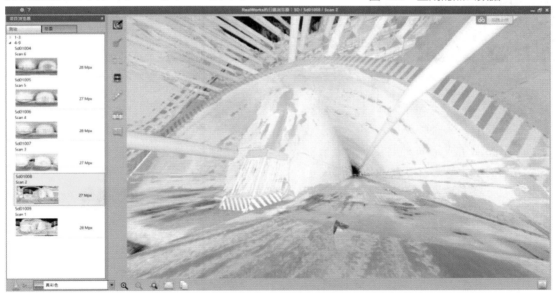

图 4.63   扫描原始数据及预览图

5.内业处理

点云内业处理的目的是从测量机器人获取的原始点云数据中提取有用信息,优化数据以供进一步使用,并为最终应用(如模型对比、三维建模、地形测绘、工程分析等)生成必要的成果。

（1）点云导入

采用 Trimble RealWorks 作为数据去噪、数据配准、数据分类的工具，其在隧道的点云处理上具有一定优势，如图 4.64 所示。

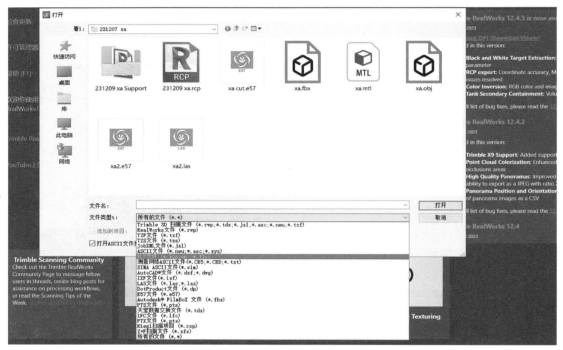

图 4.64　Trimble RealWorks 点云导入

（2）点云配准（拼接）

点云配准是一种将两个或多个点云数据集合并到统一的坐标系统中的过程。该过程包含了将不同视角或不同时刻获取的点云对齐，以便它们能够组成一个完整的三维模型，如图 4.65 所示。

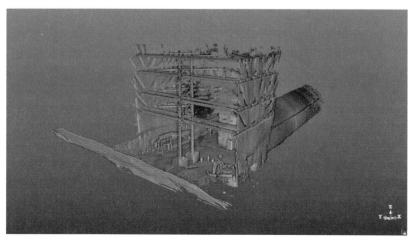

图 4.65　配准后的整体点云

（3）点云去噪和分割

点云去噪是指去除点云数据中的噪声点。由于扫描过程中各种因素（如扫描设备的精度、环境光线变化、物体表面特性等）的影响，采集的点云数据可能包含不准确的点。这些不准确的点，也就是噪声点，可能是随机的，也可能是系统性的。

点云分割是将点云数据分离成不同的部分或群组的过程。在实际扫描工作中，会有一些被扫对象或区域与工作无关，可能需要将这些区域去除。点云分割就是为了从点云识别出有意义的模式或物体，如图 4.66 所示。将一些扫描到的隧道外部支架、树木等去除，保留主体隧道部分。

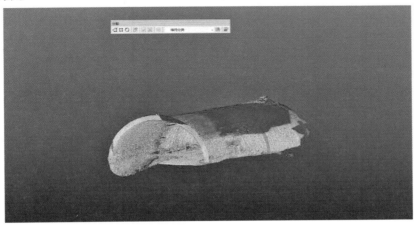

图 4.66　点云分割

（4）点云分类

点云数据是一个由若干离散点构成的数据集，本身并未按类别进行分类，如哪些部分是墙、哪些部分是地面等。为实现后续的分析等应用需求，需针对点云进行必要的分类。

Trimble RealWorks 提供隧道点云自动分类功能，如图 4.67 所示。可以预先定义规则，将点云数据自动分类为不同的类别，如隧道壁、地面等。自动分类后，检查分类结果，还可以进行必要的手动调整，达到满意的效果，如图 4.68 所示。

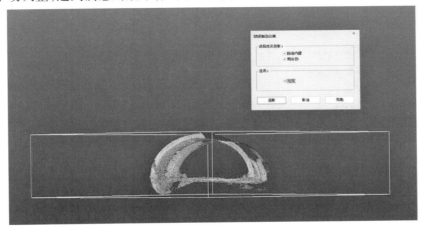

图 4.67　点云分类

图 4.68　数据细节展示

6.点云应用

将 BIM(建筑信息模型)与三维点云数据结合,可以实现对隧道的超欠挖分析。这种分析有助于确认隧道挖掘的实际情况与设计模型是否一致,并可以用于检测隧道内部结构的偏离情况。

(1)导入 BIM 模型进入点云分析软件

将在 Revit 中建立好的隧道 BIM 模型导入到 Trimble RealWorks,Trimble RealWorks 支持多种三维模型的导入。Trimble RealWorks 支持 FBX、IFC 等模型格式的导入,可将原始 Revit 模型导出为 FBX 格式,如图 4.69 所示。

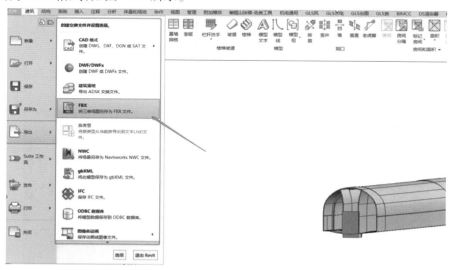

图 4.69　Revit 隧道三维模型 FBX 格式导出

(2)设计模型与点云配准

将设计模型与点云进行坐标配准,将点云和 FBX 文件均导入 Trimble RealWorks。导入后,如果采用 RTK 则无须配准,其会自动对齐,如图 4.70 所示。但如果没有采用 RTK,则需要手动找到点云数据和模型数据的对齐点。

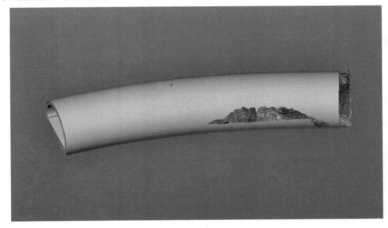

图 4.70　导入后的效果

(3)数据分析对比

划分出需要详细对比的范围进行分析,如图 4.71 所示。单击"确定"后得到分析结果,如图 4.72 所示。

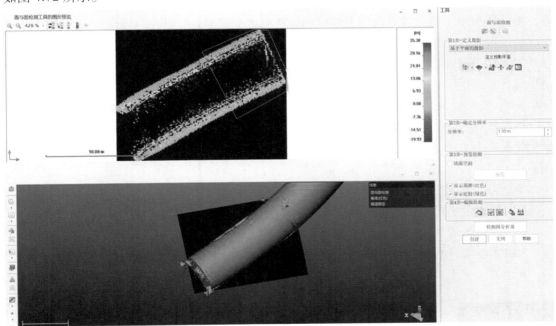

图 4.71　划分出对比范围后进行分析

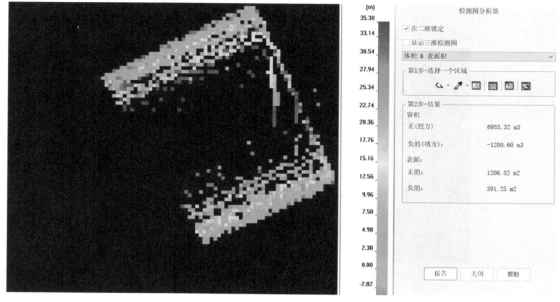

图 4.72　超欠挖分析结果

【任务总结】

本任务介绍了测量机器人的工作原理及其测量步骤等。可以将测量机器人与 BIM 模型及现场坐标系进行智能匹配,选择最佳坐标对房间信息进行全方位测量。通过内置算法,获得开间、进深、层高、墙体垂直度、墙体平整度、地面平整度、顶面平整度、阴阳角方正等测量结果。测量完毕后,测量机器人将可视化、结构化数据自动回传,无须人工,可实现线上数据自动生成、自动建模、自动分析。这克服了传统线上管理软件全部依靠手工录入、费时费力、填报错误或操作熟练度引发的问题,可以自动生成报表并传输至客户端进行记录,为工程质量验收提供有力的保证。

【任务习题】

1.简述测量机器人在建筑工程施工的主要用途与未来的发展趋势。

2.简述测量机器人常见故障及处理方法。

3.BIM 技术与测量机器人的融合应用主要体现在哪几个方面?

任务 4.5　幕墙安装机器人

目前,对高层建筑的幕墙安装主要是由人工完成,并且需要搭建脚手架或借助高空作业平台完成幕墙的安装。在传统的幕墙施工中,通常需要大量的人力,从搬运、切割、安装到固定,每一个环节都需要精密且高效地完成。然而,传统的施工方式往往存在着人力不足、劳动强度大、工作效率低下、施工安全性差等问题,幕墙安装质量难以保证。幕墙安装机器人为幕墙安装人员的安全性提供了保障,提高了幕墙安装标准性及施工效率。幕墙安装机器人(图 4.73)根据安装高度自动规划工作路径,选择吸附幕墙板块升降调整高度完成安装作业。

【任务信息】

机器人系统是幕墙安装系统的重要组成部分,主要完成玻璃幕墙板材的抓取、搬运、位姿调整及安装等任务。幕墙安装机器人遥控器整体结构简单,操作便捷,在实现机器人的高效、高精度位移控制的同时,操作面板上的输入元件可根据实际需要调整布局,以适应不同的操作需求,更符合人体工程学。

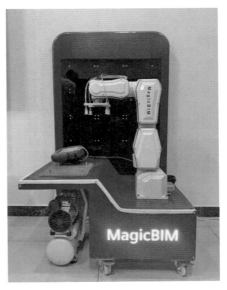

图 4.73　幕墙安装机器人(示教器)

【任务分析】

幕墙安装机器人主要在幕墙的组装和安装环节代替人工,实现安全、高效的施工。由幕墙安装机器人完成幕墙的自动安装定位是一个较为复杂的过程。幕墙安装要求幕墙安装机器人具有较大的工作范围和工作高度,因此其整体结构为具有提升功能的移动载体与安装机械手结合的形式。在幕墙安装过程中,某些环节很难实现完全的自动化操作,如安装机器人移动载体的行走控制、挂件安装时螺栓的紧固以及安装过程中各种异常情况的处理等,这些操作都需要人工来完成。

幕墙安装机器人具备自主导航功能,能够根据预设的施工路径自由行走,并且能够智能识别、搬运和安装石材。通过先进的传感器技术和人工智能算法,幕墙安装机器人能够精准识别石材的尺寸、形状和质量,并且根据具体情况进行合理分配和安装。幕墙安装机器人还能够实现跨度大、高度高的施工。由于其具备自动爬墙和固定功能,幕墙安装机器人能够轻松移动到高处进行施工,不受限于工人的身高和力量。对于建筑装饰行业来说,这无疑是一个巨大的突破。幕墙安装机器人不仅提高了施工的安全性,也提升了工作的效率,同时还能够保证施工的质量。

【任务实施】

1. 幕墙安装机器人(示教器)按钮布局

①钥匙在正中间代表自动模式,可自动连续运行程序,如图 4.74 所示。

②钥匙拧向最右侧时,代表手动模式。在手动模式下,按住背部扳机键,同时旋转右侧手轮微调机械臂,如图 4.75 所示。

③背部扳机键用于手动调节(和手轮同时使用),如图 4.76 所示。

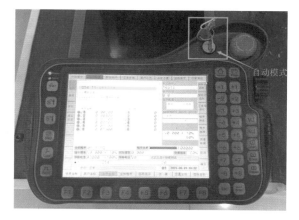

图 4.74 自动模式

图 4.75 手动模式

图 4.76 背部扳机键

2.幕墙安装机器人施工步骤

1）幕墙安装机器人开机

①按下幕墙安装机器人右侧开关按钮开机。开机之后,如果发出声响且屏幕上显示急停,先把机器下方右侧的"stop"红色按钮顺时针旋转一下,等它弹起,然后再将操作屏右上方的红色按钮顺时针旋转一下,等它弹起,急停解除,如图4.77所示。

幕墙机器人
虚拟施工

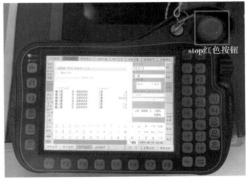

图 4.77　机械与急停开关

②确保钥匙在最右侧,然后选择主页面,单击显示隐藏键盘,单击"R",弹出对话框,然后输入"0",单击确定。

2)**幕墙安装机器人运行**

(1)自动运行程序操作模式

①将上方钥匙拧向中间,进入自动运行模式,如图 4.78 所示。

②点选左上角"文件操作",如图 4.79 所示。

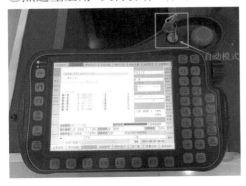

图 4.78　开关调至自动模式　　　　　图 4.79　文件操作

③光标指向要运行的程序,如图 4.80 所示。

④按下右侧"start"键,程序自动运行,如图 4.81 所示。

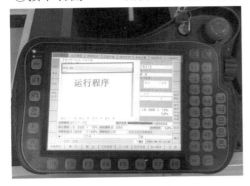

图 4.80　选择程序　　　　　　　图 4.81　运行程序按键

⑤如需程序暂停,可按右侧"pause"键,如图 4.82 所示。

⑥如需结束程序,可按两次右侧"pause"键。

⑦幕墙安装机器人运行,如图 4.83 所示。

图 4.82　暂停程序按键　　　　　　　　　图 4.83　幕墙安装机器人运行

(2)手动逐行运行程序操作模式

进入手动操作模式前,需要先结束自动运行的程序。

①将钥匙拧向右侧进入手动操作模式。

②点选左上角"文件操作",如图 4.84 所示。

③选择屏幕左侧"手动连续",如图 4.85 所示。

图 4.84　手动模式　　　　　　　　　图 4.85　"手动连续"菜单

④单击要运行的程序,进入代码页面,如图 4.86、图 4.87 所示。

⑤转动右侧手轮,可在代码处移动光标,按"start"键可运行光标所在行代码,如图 4.88 所示。

图 4.86　选择程序

图 4.87　代码页面

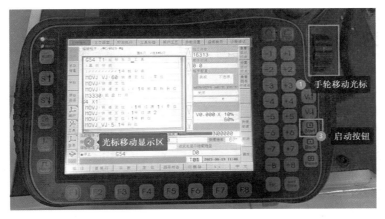

图 4.88　运行代码

（3）手动微调机械臂位置

①若运行某行代码机械臂位置不对时，可按屏幕右侧"手轮"处进行手动微调。

②选取微调方向，有两种模式即"世界"和"关节"，皆在屏幕左下方。当选取"世界"时，可按右侧实体按钮"-1、-2、-3、-4、-5、-6"分别对应"X、Y、Z、A、B、C"6 轴。面向墙壁时，左右为"X"轴，前后为"Y"轴，上下为"Z"轴。"A、B、C"3 轴皆为旋转。当选取"关节"时，可按右侧实体按钮"-1、-2、-3、-4、-5、-6"分别对应"J1、J2、J3、J4、J5、J6"6 轴。可按需调整。

③需要调整步进距离时，可选择屏幕右侧的"×1""×10""×100"，从而选择不同的步进距离，如图 4.89 所示。

④位置调试好后，再次选择"手动连续"，选择屏幕右侧"设置该行终点"，如图 4.90 所示。

⑤单击查看坐标，根据坐标数据进行设置坐标，即完成调试，如图 4.91、图 4.92 所示。

⑥重复步骤②，进行测试。若不行，重复步骤③进行调试。

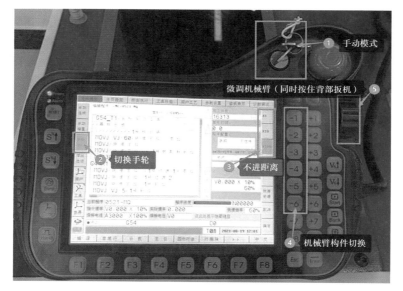

图 4.89　手动微调机器臂按键

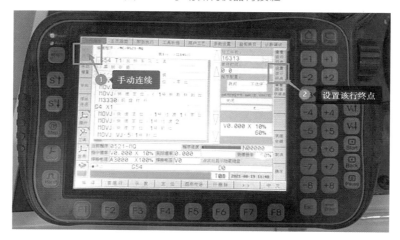

图 4.90　设置该行终点

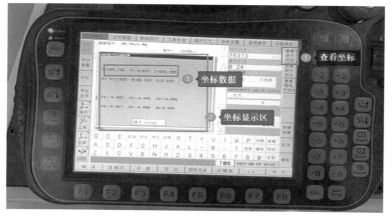

图 4.91　查看坐标

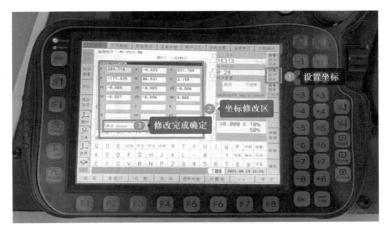

图 4.92　设置坐标

（4）幕墙安装机器人关机

将钥匙拧向右侧，进入手动模式。

①选择"主页画面"，如图 4.93 所示。

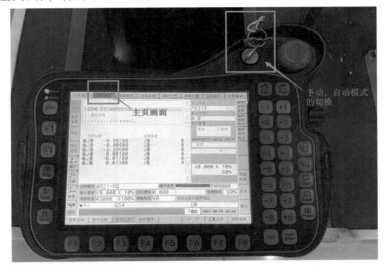

图 4.93　主页画面

②单击屏幕上"点此处显示隐藏键盘"，如图 4.94 所示。

③在出现的键盘处按"R"键，在页面中输入"0"，并按下"确认"键，机械臂将自动回到零位，如图 4.95 所示。

④当机器出现如图 4.96 所示界面即，回零位成功。

⑤按下机器上的"OFF"键，则关闭机器人，如图 4.97 所示。

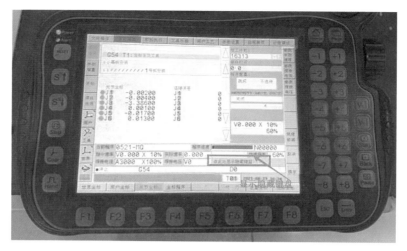

图 4.94　显示隐藏键盘

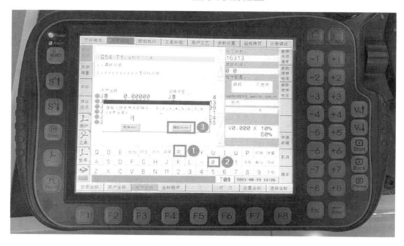

图 4.95　机械臂归位

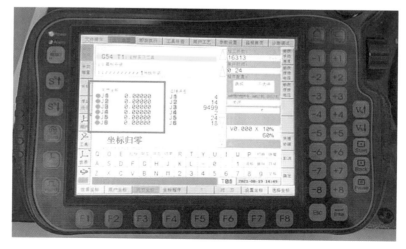

图 4.96　坐标归零

图 4.97　关闭机器人

3.幕墙安装机器人维护保养及故障处理

①定期对幕墙安装机器人进行外观、机械臂连接处、紧固件及其他所有部件进行检查，以确保其正常运行工作，并做好相关记录。

②幕墙安装机器人电池需要进行定期保养。在使用过程中，应注意及时充电，避免电池过度充电而受到损害。不使用时，应将电池取出单独存放，并定期进行充电和放电。

③定期检查幕墙安装机器人的电路，包括电池电压、连接线等。

④软件升级，确保幕墙安装机器人正常运行和性能优化。

【任务总结】

本任务介绍了幕墙安装机器人的操作应用以及其在幕墙安装中的使用步骤和过程。幕墙安装机器人能够使安装工人从危险繁重的幕墙工作中解脱出来，同时大大提高幕墙安装的准确度与效率，在未来高层幕墙安装中将得到更多的关注与发展。

【任务习题】

1.幕墙安装机器人有哪些优点？

2.目前，幕墙安装机器人在市场中参与研发的企业较少，试分析其原因。

参考文献

［1］袁烽,阿希姆·门格斯.建筑机器人建造［M］.上海:同济大学出版社,2015.

［2］王鑫,杨泽华.智能建造工程技术［M］.北京:中国建筑工业出版社,2022.

［3］范向前,马小军.结构工程机器人施工［M］.北京:中国建筑工业出版社,2020.

［4］袁烽,阿希姆·门格斯.建筑机器人:技术、工艺与方法［M］.北京:中国建筑工业出版社,2020.

［5］王春宁,曲强.机器人施工辅设备［M］.北京:中国建筑工业出版社,2022.

［6］李安虎,孙波.智能机械与机器人基础［M］.北京:中国建筑工业出版社,2023.

［7］肖珑.焊接机器人编程与维护［M］.北京:北京理工大学出版社,2023.

［8］王斌,王克成.装饰工程机器人施工［M］.北京:中国建筑工业出版社,2022.

［9］赵韩,甄圣超,孙浩,等.机器人控制:理论、建模与实现［M］.北京:高等教育出版社,2022.

［10］中国工程院.智能系统:城市、信息与机器人［M］.北京:高等教育出版社,2016.

［11］刘文峰,廖维张,胡昌斌.智能建造概论［M］.北京:北京大学出版社,2021.

［12］杜修力,刘占省,赵研.智能建造概论［M］.北京:中国建筑工业出版社,2021.

［13］毛超,刘贵文.智慧建造概论［M］.重庆:重庆大学出版社,2021.

［14］国家市场监督管理总局,国家标准化管理委员会.机器人分类:GB/T 39405—2020［S］.北京:中国标准出版社,2020.

［15］中华人民共和国国家质量监督检验检疫总局,中国国家标准化委员会.机器人与机器人装备词汇:GB/T 12643—2013［S］.北京:中国标准出版社,2013.

［16］丁烈云.数字建造导论［M］.北京:中国建筑工业出版社,2019.

［17］龚剑,朱毅敏.上海中心大厦数字建造技术应用［M］.北京:中国建筑工业出版社,2019.

［18］《中国建筑业信息化发展报告(2023)智能建造深度应用与发展》编委会.中国建筑业信息化发展报告(2023)智能建造深度应用与发展［M］.北京:中国建筑工业出版社,2019.